矿山岩坡稳定性分析与灾变预测

张艳博　李示波　张海波　著

北京
冶金工业出版社
2014

内容简介

本书以某露天煤矿边坡为研究与工程实践背景，采用现场调查、室内试验、数值模拟与理论分析相结合的研究方法剖析了露天边坡灾变演化趋势，对边坡工程稳定性进行详细的分析与评价；运用边坡稳态远程智能监测技术原理，对该露天煤矿边坡滑坡预警远程实时监控系统进行了有关设计。全书包括三部分，第一部分是矿山边坡工程概述及岩质边坡稳定性理论研究；第二部分是以该露天矿边坡为研究和工程实践背景，进行矿山边坡稳定性研究；第三部分是露天矿边坡滑坡远程智能实时监控系统设计。

本书适用于采矿工程、岩土工程领域的工程技术人员阅读。

图书在版编目(CIP)数据

矿山岩坡稳定性分析与灾变预测/张艳博，李示波，张海波著．—北京：冶金工业出版社，2014．8

ISBN 978-7-5024-6648-0

Ⅰ．①矿…　Ⅱ．①张…　②李…　③张…　Ⅲ．①煤矿开采—露天开采—岩体—边坡稳定性—稳定分析—研究　Ⅳ．①TD824

中国版本图书馆 CIP 数据核字(2014)第 169652 号

出 版 人　谭学余

地　　址　北京市东城区嵩祝院北巷 39 号　邮编　100009　电话　(010)64027926

网　　址　www.cnmip.com.cn　电子信箱　yjcbs@cnmip.com.cn

责任编辑　李培禄　美术编辑　吕欣童　版式设计　孙跃红

责任校对　王佳祺　责任印制　李玉山

ISBN 978-7-5024-6648-0

冶金工业出版社出版发行；各地新华书店经销；北京百善印刷厂印刷

2014 年 8 月第 1 版，2014 年 8 月第 1 次印刷

148mm×210mm；5.5 印张；202 千字；167 页

29.00 元

冶金工业出版社　投稿电话　(010)64027932　投稿信箱　tougao@cnmip.com.cn

冶金工业出版社营销中心　电话　(010)64044283　传真　(010)64027893

冶金书店　地址　北京市东四西大街 46 号(100010)　电话　(010)65289081(兼传真)

冶金工业出版社天猫旗舰店　yjgy.tmall.com

（本书如有印装质量问题，本社营销中心负责退换）

前　言

随着我国经济建设的快速发展，矿产资源消耗也随之迅速增长。露天矿具有基建投资省、生产成本低、安全性好和效率高等优点，并且随着露天采矿设备大型化、高效化和自动化的发展，露天采矿的规模和速度得到了迅速的扩张和发展。伴随着露天采场的逐年加深，造成边坡暴露的高度、面积以及维持的时间也在不断变化之中。这些岩质边坡工程的特点是：工程规模大、影响因素复杂、施工过程动态变化、长期边坡和临时边坡工程共存、整体稳定和局部稳定在时间和空间域相互影响，边坡结构和材料参数有较大随机性。

对这样复杂多变，涉及岩体力学、工程地质学和计算力学等多学科交叉的边坡工程系统，采用传统单一的研究方法与手段往往难以奏效。需要采用多学科交叉融合、综合集成的方法，对系统整体结构与功能进行动态、全过程的研究，强调经验与理论结合、定性与定量结合，以实现系统整体最优的效果。本书结合具体的露天采场边坡工程实例，围绕岩质边坡工程的稳定性及其控制对策进行了深入、系统的分析评价和研究，查清边坡变形破坏的主控因素和变形破坏机制，提出经济、合理、有效的边坡整治、加固措施，并对露天矿边坡滑坡进行了灾变预测。通过对岩质边坡整治措施的研究总结，为其他类似的边坡危岩体稳定性分析与滑坡整治工作提供经验和理论依据。全书各章自成体系，内容不求全面、系统，力求在学术上具有引导性、启迪性。

本书由河北联合大学张艳博、李示波、张海波三位老师结合其科研成果撰稿完成。第4章由张艳博撰写；第2章由李示波撰写；第1章由张海波撰写；第3章由张艳博、李示波、张海波共同撰写。

本书部分研究内容得到了河北联合大学李占金教授的大力帮助，同时在本书的有关资料整理、绘图、录入、排版过程中得到了河北联合大学矿业工程学院研究生李力、张洋两位同学的帮助，作者在此感谢他们的辛勤劳动。本书在撰写过程中，参阅了大量国内外参考文献，作者在此谨向文献作者表示衷心的感谢。

由于作者水平有限，书中不妥和不足之处，诚恳地欢迎读者指正，共同交流。

作 者

2014年5月

目　录

1 边坡工程概述

边坡是自然或人工形成的斜坡，是人类工程活动中最基本的地质环境之一。为满足工程需要而对自然边坡进行改造，称为边坡工程，是工程建设中最常见的工程形式。

1.1 边坡危害及其防治

1.1.1 边坡危害

随着国民经济的发展，大量铁路、公路、水利、矿山、城镇等设施的修建，特别是在丘陵和山区建设中，人类工程活动中开挖和填堆的边坡数量会越来越多，高度将越来越大。

由于地质条件复杂，加之人类改造自然规模愈来愈大，设计施工方法不当，高边坡开挖后发生变形和造成灾害的事故频繁发生。这既增加工程投资，又延误工期，还给运营安全留下隐患。边坡失稳与破坏的形式很多，从地质上分，主要有坍塌、崩塌、落石、滑塌、错落、倾倒等。但其中数量最多、危害最严重的是边坡滑塌的破坏形式。从工程治理角度分，通常把边坡破坏分成两种：一种是边坡滑塌；另一种是危岩崩塌与失稳，它包含着多种地质破坏形式。边坡不仅在失稳破坏阶段造成重大灾害，而且有时在变形阶段也会造成重大损失，因为边坡变形会引发附近建筑物破裂与倒塌，导致建筑物不能正常使用或破坏。

1.1.2 边坡防治原则

边坡危害威胁着人类的生命安全，将会造成财产损失、交通停航、城镇被埋、厂矿停工，影响着社会与生产的正常运转。边坡防治原则上大体分为两种情况：其一是针对病因采取措施，以制止滑动和控制滑坡发展为主；其二是针对危害采取的措施，要经受住滑坡的作用或避开危害。两者均需对滑坡变形产生的基本条件、主要原因和变形过程有深入的了解，然后才能根据病因采取有效的防治措施。

边坡防治总的原则要求是以预防为主、治理为辅，力求做到防患于未然，在以防为主的原则下，需遵循以下具体原则：

（1）在选择铁路、公路线路方案，选择厂址等工程设计的初期阶段，当勘查区域内存在滑动条件时，在技术上允许、经济上合理的情况下，应尽量避开老滑坡地段或因工程开发而可能引起滑坡的地段。

（2）对大、中型复杂的滑坡，应采取一次根治与分期整治相结合的原则；对性质复杂、规模巨大、短期内不易搞清楚的滑坡，要分轻重缓急次序，作出全面的整治规划。全面规划要安排好勘探、试验、研究等工作，要先行全面收集资料，尽早摸清滑坡性质，寻找活动规律，有计划地采取分期整治的方案进行治理，而且可以在前期工程实施的过程中继续收集资料，以全面掌握滑坡性质并最终提出根治方案。

（3）要根据病因采取综合措施，治早治小，防患于未然。一般滑坡带都有随变形发展而强度逐渐减小的性质，易于对滑坡带进行早期整治。如旷日持久，易酿成大患，且整治工程大，施工困难。

（4）要因地制宜，从实际出发，设计和施工都应积极采用、推广和发展新技术。

（5）在滑坡已经出现或即将出现各种急剧变形征兆时，对地表建筑物或构筑物可能产生危害的边坡，必须采取果断有效的应急工程措施，确保边坡稳定。

（6）全面规划，选择最佳的整治方案。复杂边坡在未弄清楚性质之前，应注意观测，采取加强地表排水、夯填裂缝防止恶化的应急措施。性质和类型不同的边坡，其引起滑动的原因和因素往往有着很大的区别。一般情况下，截、疏用于地表水措施；滑坡后部减重措施，对于纵向坡度较大的滑坡显得很有必要，而对纵向坡度不大的滑坡其作用不大。

总之，对边坡滑坡防治以预报为主，定性要准，治理要早，措施得当，养护要勤。

1.1.3 边坡防治措施

我国边坡治理工程技术力量较强，而且随着我国经济建设与基础设施的迅速发展，我国治理边坡的技术水平也在不断提高，已逐渐赶上发达国家的水平。新中国成立后，我国的边坡治理得到较大规模发展。首先在铁道部门进行了大量治理工程；其次是采矿部门，尤其是对露天矿边坡进行了研究和治理；再次，水利水电部门的边坡治理规模最大，投入最多。近年来，随着我国城镇建设工作的发展，建筑边坡治理工程大幅度增加，其规模虽然较小，但数量巨大，尤以重庆及贵阳两座城市为典型。随着我国公路建设的迅猛发展，公路边坡增长极快，公路交通部门投入大量资金研究与治理边坡，如京珠线、深汕线、元磨线等。

边坡防治主要从两方面着手：一方面进行边坡工程治理；另一方面进行边坡监测，形成边坡工程预报系统。

1.1.3.1 边坡工程治理的常用措施

A 放缓边坡

放缓边坡是边坡处治的常用措施之一，通常为首选措施。它的优点是施工简便、经济、安全可靠。

边坡失稳破坏通常是由于边坡过高、坡度太陡所致。通过削坡，削掉一部分边坡不稳定岩土体，使边坡坡度放缓，稳定性提高。

B 支挡

支挡（挡墙、抗滑桩等）是边坡处治的基本措施。对于不稳定的边坡岩土体，使用支挡结构（挡墙、抗滑桩等）对其进行支挡，是一种较为可靠的处治手段。它的优点是可从根本上解决边坡的稳定性问题，达到根治的目的。

C 加固

a 注浆加固

当边坡坡体较破碎、节理裂隙较发育时，可采用压力注浆这一手段，对边坡坡体进行加固。灌浆液在压力的作用下，通过钻孔壁周围切割的节理裂隙向四周渗透，对破碎边坡岩土体起到胶结作用，使之形成整体；此外，砂浆柱对破碎边坡岩土体起到螺栓连接作用，达到提高坡体整体性及稳定性的目的。

注浆加固可对边坡进行深层加固。

b 锚杆加固

当边坡坡体破碎或边坡地层软弱时，可打入一定数量的锚杆，对边坡进行加固。锚杆加固边坡的机理相当于螺栓的作用。

锚杆加固为一种中浅层加固手段。

c 土钉加固

对于软质岩石边坡或土质边坡，可向坡体内打入足够数量的土钉，对边坡起到加固作用。土钉加固边坡的机理类似于群锚的作用。

与锚杆相比，土钉加固具有“短”而“密”的特点，是一种浅层边坡加固技术。两者在设计计算理论上有所不同，但在施工工艺上是相似的。

d 预应力锚索加固

当边坡较高、坡体可能的潜在破裂面位置较深时，预应力锚索不失为一种较好的深层加固手段。目前，在高边坡的加固工程中，预应力锚索加固正逐渐发展成为一种趋势，被越来越多的人所接受。

在高边坡加固工程中，与其他加固措施相比，预应力锚索具有以下优点：

（1）受力可靠；

（2）作用力可均匀分布于需加固的边坡上，对地形、地质条件适应力强，施工条件易满足；

（3）主动受力；

（4）无需放炮开挖，对坡体不产生扰动和破坏，能维持坡体本身的力学性能不变；

（5）施工速度快等。

D 防护

边坡防护包括植物防护和工程防护两种。

a 植物防护

植物防护是在坡面上栽种树木、植被、草皮等植物，通过植物根系发育，起到固土的作用，是一种防止水土流失的防护措施。这种防护措施一般适用于边坡不高、坡角不大的稳定边坡。

b 工程防护

（1）砌体封闭防护：当边坡坡度较陡、坡面土体松散、自稳性差时，可采用瓦工砌体封闭防护措施。砌体封闭防护包括浆砌片石、浆砌块石、浆砌条石、浆砌预制块、浆砌混凝土空心砖等。

（2）喷射素混凝土防护：对于稳定性较好的岩质边坡，可在其表面喷射一层素混凝土，防止岩石继续风化、剥落，达到稳定边坡的目的。这是一种表层防护处治措施。

（3）挂网锚喷防护：对于软质岩石边坡或石质坚硬但稳定性较差的岩质边坡，可采用挂网锚喷防护。挂网锚喷是在边坡坡面上铺设钢筋网或土工塑料网等，向坡体内打入锚杆（或锚钉）将网钩牢，向网上喷射一定厚度的素混凝土，对边坡进行封闭防护。

E 排水

a 截水沟

为防止边坡以外的水流进入坡体，对坡面进行冲刷，影响边坡稳定性，通常在边坡外缘设置截水沟，以拦截坡外水流。

b 坡内排水沟

除在边坡外缘设置截水沟外，在边坡坡体内应设置必要的排水沟，使大气降雨能尽快排出坡体，避免对边坡稳定产生不利影响。

1.1.3.2 边坡监测

边坡监测的主要任务就是检验设计施工、确保安全，通过监测数据反演分析边坡的内部力学作用，同时积累丰富的资料作为其他边坡设计和施工的参考资料。边坡工程监测的作用在于：

（1）为边坡设计提供必要的岩土工程和水文地质等技术资料。

（2）边坡监测可获得更充分的地质资料（应用侧斜仪进行监测和无线边坡监测系统监测等）和边坡发展的动态，从而圈定可疑边坡的不稳定区段。

（3）通过边坡监测，确定不稳定边坡的滑落模式，确定不稳定边坡滑移方向和速度，掌握边坡发展变化规律，为采取必要的防护措施提供重要的依据。

（4）通过对边坡加固工程的监测，评价治理措施的质量和效果。

（5）为边坡的稳定性分析提供重要依据。

边坡监测包括施工安全监测、处治效果监测和动态长期监测。一般以施工安全监测和处治效果监测为主。

边坡施工安全监测包括地面变形监测、地表裂缝监测、滑动深部位移监测、地下水位监测、孔隙水压力监测、地应力监测等内容。

边坡处治效果监测是检验边坡处治设计和施工效果、判断边坡处治后稳定性的重要手段。一方面可以了解边坡体变形破坏特征，另一方面可以针对实施的工程进行监测。通常结合施工安全和长期监测进行，以了解工程实施后，边坡体的变化特征，为工程的竣工验收提供科学依据。边坡处治效果监测时间一般要求不少于一年，数据采集时间间隔一般为 7～10 天，在外界扰动较大时，如暴雨期间，可加密观测次数。

边坡长期监测将在防治工程竣工后，对边坡体进行动态跟踪，了解边坡体稳定性变化特征。长期监测主要对一类边坡防治工程进行。边坡长期监测一般沿边坡主剖面进行，监测点的布置少于施工安全监测和防治效果监测；监测内容主要包括滑带深部位移监测、地下水位监测和地面变形监测。数据采集时间间隔一般为 10～15 天。

边坡监测的具体内容应根据边坡的等级、地质及支护结构的特点进行考虑。通常对于一类边坡防治工程，建立地表和深部相结合的综合立体监测网，并与长期监测相结合；对于二类边坡防治工程，在施工期间建立安全监测和防治效果监测点，同时建立以群测为主的长期监测点；对于三类边坡防治工程，建立群测为主的简易长期监测点。

边坡监测方法一般包括：地表大地变形监测、地表裂缝位错监测、地面倾斜监测、裂缝多点位移监测、边坡深部位移监测、地下水监测、孔隙水压力监测、边坡地应力监测等。

1.2 边坡类型与特征

1.2.1 边坡的类型

边坡类型按不同的分类指标有多种分类。

（1）按构成边坡的物质种类分：

1）土质边坡——整个边坡均由土体构成，按土体种类又可分为黏土边坡、黄土边膨胀土边堆积土边坡、填土边坡等。

2）岩质边坡——整个边坡均由岩体构成，按岩体的强度又可分为硬岩边坡、软岩边坡和风化岩边坡等；按岩体结构分为整体状边坡、块状边坡、层状边坡、碎裂状边坡、散体状边坡。

3）岩土混合——边坡下部为岩层，上部为土层，即所谓的二元结构的边坡。

（2）按边坡高度分：

1）一般边坡——岩质边坡总高度在30m以下，土质边坡总高度在15～20m以下。

2）高边坡——岩质边坡总高度大于30m，土质边坡总高度大于15～20m。

（3）按边坡的工程类别分：

1）路堑边坡，路堤边坡。

2）水坝边坡，渠道边坡，坝肩边坡，库岸边坡。

3）露天矿边坡，弃渣场边坡。

4）建筑边坡，基坑边坡。

（4）按坡体结构特征分：

1）类均质土边坡——边坡由均质土体构成。

2）近水平层状边坡——由近水平层状岩土体构成的边坡。

3）顺倾层状边坡——由倾向临空面（开挖面）的顺倾岩土层构成的边坡。

4）反倾层状边坡——岩土层面倾向边坡山体内。

5）块状岩体边坡——由厚层块状岩体构成的边坡。

6）碎裂状岩体边坡——边坡由碎裂状岩体构成，或为断层破碎带，或为节理密集带。

7）散体状边坡——边坡由破碎块石、砂构成，如强风化层。

不同坡体结构的岩土形成的边坡其稳定性是不同的，尤其是含有软弱层和不利结构面的坡体，常常出现边坡失稳滑塌。

（5）按边坡使用年限分：

1）临时边坡——只在施工期间存在的边坡，如基坑边坡。

2）短期边坡——只存在10～20年的边坡，如露天矿边坡。

3）永久边坡——长期使用的边坡。

有些只分临时边坡和永久边坡，《建筑边坡工程技术规范》（GB 50330—2002）作如下规定：

临时边坡——工作年限不超过两年的边坡。

永久边坡——工作年限大于两年的边坡。

（6）按边坡形成过程分：

1）人工边坡——由施工开挖或填筑而形成的边坡，但因工程行为而引发山体大规模滑坡的称为工程滑坡。

人工边坡又可分为：

挖方边坡：由山体开挖形成的边坡，如路堑边坡、露天矿边坡。

填筑边坡：填方经压实形成的边坡，如路堤边坡、渠堤边坡等。

2）自然边坡——在工程范围内，有可能影响工程安全的小规模自然斜坡。

1.2.2 边坡的特征

1.2.2.1 边坡的自然特征

人工边坡是将自然地质体的一部分改造成人工构筑物，因此其特征和稳定性很大程度上取决于自然斜坡的地形地貌特征、地质结构和构造特征。自然斜坡由于其地层岩性、地质构造、地下水分布和风化程度的不同，在自然应力作用下形成了不同的形态，如有直线坡、凸形坡、凹形坡、台阶状坡等，且其坡高和坡率也千差万别，坡面的冲沟发育和分布密度、植被状况等也不同，这是设计人工边坡的地质基础和设计的参照对象。

土质边坡由于土体强度较低，保持不了高陡的边坡，一般都在20m以下，只有黄土边坡因其特殊的结构特征，可保持较高陡的边坡。较高陡的边坡必须设置支挡工程才能保持其稳定，由于坡面容易被冲刷，常需要设置坡面防护工程。对地下水发育的边坡，更应设置疏排水工程才能保持其稳定。

当不同土层的分界面倾向临空面且倾角较大，相对隔水时，容易沿此面发生滑塌。当边坡底部有软弱土层分布时也易发生沿软弱土层的滑动。

由于土层结构的复杂性，岩质边坡比土质边坡复杂得多。首先，由于坡体强度较高，常可保持较高陡的边坡，所以高边坡几乎都是岩质边坡。其次，岩质边坡的稳定性主要取决于其岩体结构、坡体结构，也即不同岩性的岩层及构造结构面，特别是软弱结构面在坡体上的分布位置、产状、组合及其与边坡走向、倾向和倾角之间的关系。当软弱结构面或其组合面（线）倾向临空面，倾角缓于边坡角而大于面间摩擦角时容易失稳破坏。当上覆硬岩、下伏软岩强度较低或受水软化时也易发生失稳变形。第三，岩质边坡的稳定性还受控于其风化破碎程度，同种岩层风化程度不同所能保持的边坡高度和坡度也不同，典型者如坚硬的花岗岩可保持高陡的边坡，但其风化壳则不能保持高陡边坡。不同岩层的差异风化也影响边坡稳定性。第四，地下水对边坡的稳定性有重要影响。地下水的分布、水量、水力坡度及其变化，以及自然斜坡的汇水条件都对边坡稳定性有重要影响。

边坡设计时必须根据岩体的强度、构造面、风化程度、地下水情况等设计不同的坡形、坡率和相应的加固、防护及排水设施，才能保持边坡的稳定。

1.2.2.2 边坡的滑面特征与坡体特征

无论是土质边坡还是岩质边坡，在坡体没有开挖或填筑之前，坡体中不存在滑面，即使坡体中存在软弱土夹层或软弱结构面，也不能视作滑面，因为它们没有滑动的趋势。这正是边坡与滑坡的不同之点。由于不存在实际滑面，因而滑面必须通过分析的方法才能确定，不能采用钻探观察等方法确定。

在边坡开挖或填筑前，坡体上没有滑动与滑动趋势，因而坡体上不会出现变形与滑动迹象。但边坡开挖与填筑后，坡体就有可能出现变形与滑动迹象，甚至出现边坡滑塌。由于边坡开挖或填筑引起滑动的范围有限，所以边坡滑塌的规模与滑坡相比通常较小。因工程开挖引发的大规模山体滑坡，如古滑坡复活等，一般称为工程滑坡，不再列入边坡范围之内。

1.2.2.3 边坡的施工特征

岩土工程的一个特点是与施工过程密切相关，即使设计合理，但如施工过程不当，也会导致岩土失稳坍塌，造成工程失败。为了减少边坡工程事故，边坡的开挖或填筑、支护等施工程序，必须科学规划。通常只有十分稳定的坡体，允许在不支护情况下开挖；对比较稳定的坡体采取开挖一段、支护一段的办法。施工过程采用逆作法，即从上向下进行。对很不稳定的坡体需要边开挖边支护，支护紧跟开挖或在开挖前就预先进行支护。坡体施工过程有时要求进行实时监测，以便对施工过程的安全做出及时预报。

1.3 边坡岩体稳定性的影响因素及分类

1.3.1 边坡岩体稳定性主要影响因素

露天矿边坡是露天采矿工程活动形成的一种特殊构筑物，它经受各种自然营力的作用和露天开采工艺的影响。因此，影响露天矿边坡稳定的因素繁多，估计各因素的影响程度也很复杂，其中岩体的岩石组成、岩体构造和地下水是最主要的因素；此外，爆破和地震、边坡形状等也有一定影响。现将影响边坡稳定的主要影响因素归纳如下。

1.3.1.1 岩体结构面

岩体结构面是影响边坡稳定性的决定性因素，它直接制约着边坡岩体变形、破坏的发生和发展过程。边坡破坏、失稳往往是沿岩体的结构面直接发生。边坡岩体的破坏主要受岩体中不连续面（结构面）的控制。

近年来，在岩体强度和边坡稳定性的研究中，结构面被认为是特别重要的因素。结构面强度要比岩体本身的强度低很多。根据岩体强度计算，稳定的岩体边坡可高达数千米，然而岩体内含有不利方位的结构面时，高度不大的边坡也可能发生破坏。其根本原因在于，岩体中结构面的存在，降低了岩体的整体强度，增大了岩体的变形性能和流变性质，以及加深了岩体的不均匀性、各向异性和非连续性。大量的露天边坡工程失事证明，一个或多个结构面组合边界的剪切滑移、张拉破裂和错动变形是造成边坡岩体失稳的主要原因。

从边坡稳定性考虑，要特别研究岩体结构面的下列主要特征：成因类型、规模、连续性及间距、起伏度及粗糙度、表面结合状态及充填物、产状及其边坡临空面的关系等。这些特征及其组合将对边坡稳定状态、可能的滑落类型、岩体及结构面的抗剪强度等起重要的控制作用。影响边坡稳定的岩体结构因素主要包括以下几个方面：

（1）结构面的倾向和倾角。一般来说，同向缓倾边坡（结构面倾向和边坡坡面倾向一致，倾角小于坡角）的稳定性较反向坡差。同向缓坡中，岩层倾角越陡，稳定性越差；水平岩层稳定性较好。

（2）结构面的走向。当倾角不利的结构面走向和坡面平行时，整个坡面都具有临空自由滑动的条件，对边坡稳定性不利。结构面走向与坡面走向夹角越大，对边坡的稳定性越有利。

（3）结构面的组数和数量。当边坡受多组相交的结构面切割时，整个边坡岩体自由变形的余地大，切割面、滑动面和临空面多，易于形成滑动的块体，而且为地下水活动提供了较好的条件，对边坡稳定性不利。另外，结构面的数量直接影响到被切割岩块的大小，它不仅影响边坡的稳定性，也影响边坡变形破坏的形式。岩体严重破坏的边坡，甚至会出现类似土质边坡那样的圆弧形滑动破坏。

（4）结构面的不连续性。在边坡稳定性计算中，通常假定结构面是连续的，实际并非如此。所以在解决实际工程问题时，认真研究结构面的不连续性，具有现实意义。

（5）结构面的起伏差和表面性质。结构面的光滑程度对结构面的力学性质影响极大。边坡岩体沿起伏不平的结构面滑动时，可能出现两种情况：一种情况是如果上覆压力不大，则除了要克服面上的摩擦阻力外，还必须克服因表面起伏所带来的爬坡角的阻力，因此，在低正应力的情况下，起伏差将使有效摩擦角增大；另一种情况是当结构面上的正应力过大，在滑动过程中不允许因为爬坡而产生岩体隆胀时，则出现滑动条件必须是剪断结构面上互相咬合的起伏岩石，因而结构面上的抗剪性能大为提高。如果结构面上充填的软弱结构面的厚度大于起伏差的高度时，就应当以软弱充填物的抗剪强度作为计算依据，不应再把起伏差的影响考虑在内。

1.3.1.2 岩性

岩性是决定岩体强度和边坡稳定性的重要因素。岩石的矿物成分和结构构造对岩石的工程地质性质起主要作用，通常，坚硬致密的岩石抗水、抗风化能力强，强度高，不易发生滑坡，只有当边坡角过大或边坡高度过大时才产生滑坡；片理、层理发育的岩石边坡稳定性相对较差。

1.3.1.3 水及其渗透性

露天矿的滑坡多发生在雨季和解冻期间，说明地下水对边坡稳定性的影响是很显著的。地表水的渗入和地下水的活动，往往是导致露天矿滑坡的主要原因。在边坡稳定性研究中，对岩体中地下水的赋存情况、动态变化对边坡稳定性的影响，以及防治措施等都要进行详细研究并作出定量评价。

水对边坡稳定性的影响主要表现在水压作用和水的软化作用两个方面。静水压力产生浮力，使岩、土的有效载重减轻，削弱了岩、土体抵抗破坏的能力；动水压力或超静水压力产生渗透力，直接引起渗透变形或渗透破坏。水的软化作用则表现在溶蚀、冲刷软化岩石或结构面充填物中的黏土质成分，从而引起岩体内聚力和内摩擦角显著降低，致使边坡产生滑坡的概率增加。

1.3.1.4 边坡几何形状

边坡几何形状对岩体内的应力分布有很大影响。研究表明，凸边坡较凹边坡的稳定性低。当边坡向采场凸出时，岩体侧向受拉应力，由于边坡岩体的抗拉能力很低，此时边坡的稳定性差；当边坡向采场凹进时，边坡岩体侧向受压，边坡比较稳定。

当凹边坡的曲率半径小于边坡高度时，边坡角可以比常规的稳定性分析方法建议的角度陡10°，凸边坡的角度应缓10°。

1.3.1.5 爆破、地震

爆破振动和地震对边坡稳定性影响作用方式基本相同。露天矿爆破产生的地震波，给潜在的破坏面施以额外的动应力，可使岩石原生结构面和构造结构面张开，并产生爆破裂纹等次生结构面，甚至使岩石破碎，促使边坡破坏，在边坡稳定性分析中必须考虑其附加外应力。

1.3.1.6 人为因素

由于对影响边坡稳定的因素认识不足，在生产中往往人为地促使边坡破坏，如在边坡上堆积废石和设备以及建筑房屋、水库、尾矿库等建筑物，加大了边坡上的承重，增加了岩体的下滑力；或不坚持“采掘并举，剥离先行”的原则，不保持合理的边坡角自上而下的开采顺序，而采用挖坡脚，放振动炮振落上部岩体，或者在坡面下部掏挖矿体等严重违章的方法开采，减小了岩体的抗滑力，这些都会使边坡稳定条件恶化，甚至导致边坡破坏。

1.3.1.7 风化作用

风化作用指风吹日晒、涌水冲刷、生物破坏、温度变化等边坡岩体的破坏作用，可使坡体强度减小，坡体稳定性大大降低，加剧了斜坡的变形与破坏。坡体岩土风化越深，斜坡的稳定性越差，稳定坡脚越小；它可使边坡原生结构面和构造结构面随时间推移而不断增大规模，使条件恶化，并可产生风化裂隙等次生结构面；长时间风化作用，还会使岩体自身强度降低。

通常风化速度与岩石本身的矿物成分、结构构造和后期蚀变有关，同时也与湿度、温度、降雨、地下水以及爆破振动等因素有关。

1.3.1.8 工程布置

在边坡内开凿排水隧洞，或利用地下开采方法开采边坡内部未能采出的矿体等，可引起边坡局部应力集中，造成边坡开裂。

1.3.1.9 露天矿开采深度和服务年限

露天矿边坡越高和服务年限越长，其边坡稳定性越差，所以边坡角要相应减缓。

1.3.2 边坡岩体稳定性分类

影响边坡岩体稳定性的因素主要是岩体的稳定性、结构面产状以及结构面的结合程度。从岩体完整性来说，完整性越差，边坡岩体稳定性越差；从结构面产状来说，结构面外倾时，其倾角越接近 $45° + \varphi^{j}/2$，对边坡岩体稳定性越不利；从结构面的结合程度来说，结合越差，对边坡岩体稳定性越不利。根据上述三个因素对边坡岩体稳定性进行分类。

岩体完整性根据结构面发育程度（组数和平均间距）、结构类型、完整性系数和岩体体积结构面数等定性与定量指标综合评定，划分为完整、较完整和不完整三个档次，如表 1-1 所示。结构面产状划分为结构面内倾、结构面外倾而倾角大于 75°或小于 35°、结构面外倾而倾角为 35° ~ 75°三种情况。结构面结合程度划分为结合良好、结合一般、结合差、结合很差四个档次。

表 1-1　岩体完整程度划分

岩体完整程度	结构面发育程度		结构类型	完整性系数 K_v	岩体体积结构面数/条·m^{-3}
	组数	平均间距/m			
完整	1～2	>1.0	整体状	>0.75	<3
较完整	2～3	1.0～0.3	层状结构、块状结构、层状结构和碎裂镶嵌结构	0.75～0.35	3～20
不完整	>3	<0.3	裂隙块状结构、碎裂结构、散体结构	<0.35	>20

注：1. 完整性系数 $K_v = (v_R/v_P)^2$，v_R 为弹性波在岩体中的传播速度，v_P 为弹性波在岩块中的传播速度；

2. 结构类型的划分应符合现行国家标准《岩土工程勘察规范》(GB 50021）中表 A.0.4 的规定；碎裂镶嵌结构为碎裂结构中碎块较大且相互吻合、稳定性相对较好的一种类型；

3. 岩体体积结构面数系指单位体积内的结构面数目（条/m^3）。

在进行分类时，岩体完整、结构面内倾或结构面外倾而倾角大于75°或小于35°、结构面结合良好或结合一般分别视为在岩体完整性、结构面产状和结构面结合程度方面属于良好的情况。而岩体较完整、结构面外倾且倾角为35°～75°、结构面结合差则分别视为在岩体结构完整性、结构面产状和结构面结合程度方面属于不好的情况。岩体不完整、情况很差的情况单独考虑。某些岩体中有时会遇到一些单个的外倾软弱结构面，如断层、破碎带等，它具有延续长度大、夹泥厚和流塑性大的特点，结构面黏聚力 C_i 和内摩擦角 φ_j 极低，是导致边坡岩体失稳的重要因素。但这种情况不是经常遇到的，因而边坡岩体分类中不考虑这类结构面。这类结构面对稳定性的影响另行考虑。

由此，《建筑边坡工程技术规范》(GB 50330—2002)中将边坡岩体分为四类，见表 1-2，Ⅰ类属于极稳定(30m 高边坡能保持稳定)，Ⅱ类属于稳定(15m 高边坡能保持稳定)，Ⅲ类属于基本稳定（8m 高

表 1-2 岩质边坡的岩体分类

边坡岩体类型判定条件	岩体完整程度	结构面结合程度	结构面产状	直立边坡自稳能力
Ⅰ	完整	结构面结合良好或一般	外倾结构面或外倾不同结构面的组合线倾角大于75°或小于35°	30m 高边坡长期稳定，偶有掉块
Ⅱ	完整	结构面结合良好或一般	外倾结构面或外倾不同结构面的组合线倾角为35°~75°	15m 高边坡稳定，15~25m 高边坡欠稳定
	完整	结构面结合差	外倾结构面或外倾不同结构面的组合线倾角大于75°或小于35°	
	较完整	结构面结合良好或一般	外倾结构面或外倾不同结构面的组合线倾角小于35°，有内倾结构面	边坡出现局部塌落
Ⅲ	完整	结构面结合差	外倾结构面或外倾不同结构面的组合线倾角为35°~75°	8m 高边坡稳定，15m 高边坡欠稳定
	较完整	结构面结合良好或一般	外倾结构面或外倾不同结构面的组合线倾角为35°~75°	
	较完整	结构面结合差	外倾结构面或外倾不同结构面的组合线倾角大于75°或小于35°	
	较完整（破裂镶嵌）	结构面结合良好或一般	结构面无明显规律	

续表 1-2

边坡岩体类型判定条件	岩体完整程度	结构面结合程度	结构面产状	直立边坡自稳能力
Ⅳ	较完整	结构面结合差或很差	外倾结构面以层面为主，倾角多为 35°～75°	8m 高边坡欠稳定
	不完整（散体、碎裂）	碎块间结合很差		

注：1. 边坡岩体分类中未含由外倾软弱结构面控制的边坡和倾倒崩塌型破坏的边坡；
2. Ⅰ类岩体为软岩、较软岩时，应降为Ⅱ类岩体；
3. 当地下水发育时，Ⅱ、Ⅲ类岩体可根据具体情况降低一档；
4. 强风化岩和极软岩可划为Ⅳ类；
5. 表中外倾结构面指倾向与坡向的夹角小于 30°的结构面；
6. 表中“不完整”指碎裂结构和散体结构岩体，相当于国标《基坑设计规范》中“破碎”和“极破碎”；“较完整”指“完整”和“不完整”以外的情况，相当于“较破碎”。

边坡能保持稳定)，Ⅳ类属于不稳定。当上述三个因素均属于良好时，边坡岩体划为Ⅰ类；当上述三个因素中有两个属于良好时，划为Ⅱ类；当上述三个因素中有一个属于良好时，划为Ⅲ类；当上述三个因素全属于不好时，划为Ⅳ类。岩体不完整、结合很差基本上是碎裂结构和散体结构岩体以及强风化岩体所具有的特征，这种边坡岩体划入Ⅳ类。地下水和岩石坚硬程度对边坡岩体稳定性的影响相对上述三个因素而言是次要的，且影响大小随具体情况的不同而不同，故单独予以考虑。该规范规定，当Ⅰ类岩体为软岩、较软岩时，应降为Ⅱ类岩体；极软岩体可划为Ⅳ类岩体；当地下水发育时，Ⅱ、Ⅲ类岩体可根据具体情况降低一档。

1.4 滑坡类型与特征

1.4.1 滑坡类型

按照不同的分类指标滑坡有多种分类，如表 1-3 所示。

表1-3 滑坡单一指标分类

序号	分类指标	类型
1	按滑体物质组成	土质滑坡：黏性土滑坡、黄土滑坡、堆积土滑坡、堆填土滑坡
		岩质滑坡：层状岩体滑坡、块状岩体滑坡、破碎岩体滑坡、坡脚软岩滑坡
2	按滑体受力状态	牵引式（后退式）滑坡
		推动式滑坡
3	按滑坡发生时代	古滑坡（全新世以前发生的）
		老滑坡（新世以来发生，现未活动）
		新滑坡（正在活动的）
4	按主滑面与层面的关系	顺层滑坡（主滑面顺层面）
		切层滑坡（主滑面切割层面）
5	按滑坡的规模	小型滑坡（小于10万立方米）
		中型滑坡（10万~50万立方米）
		大型滑坡（50万~100万立方米）
		特大型（巨型）滑坡（大于100万立方米）
6	按滑体含水状态	一般滑坡
		塑性滑坡
		塑流性滑坡
7	按滑体的速度	浅层滑坡（厚度 $H<6m$）
		中层滑坡（$6m<H<20m$）
		厚层滑坡（$20m<H<50m$）
		巨层滑坡（$H>50m$）
8	按滑面剪出口位置	坡体滑坡（剪出口在边坡上出露）
		坡基滑坡（滑动面在边坡脚以下）

续表 1-3

序号	分类指标	类型
9	按滑坡滑动速度	缓慢滑坡
		间歇性滑坡
		崩塌性滑坡
		高速滑坡
10	按滑坡发生与工程活动关系	自然滑坡
		工程滑坡

1.4.2 滑坡的特征

滑坡的特征包括滑坡的外貌特征、结构特征（滑体、滑面、滑带和滑床）、受力特征和发育过程特征等。

1.4.2.1 滑坡的外貌特征

A 新生滑坡的特征

一个发育完全的正在活动的滑坡具有图 1-1 所示的特征。

（1）滑坡体：滑坡发生后，与稳定坡体脱离而滑动的部分岩土体称为滑坡体，简称滑体。

（2）滑坡周界：滑坡体与周围不动体在平面上的分界线称为滑坡周界。它圈定了滑坡的范围，在多个滑坡构成的滑坡区内，它可以是不同滑动块体的界线。

（3）滑坡壁：滑坡体上部与不动体脱离的分界面露在外面的部分，高数米至数十米，特大型滑坡也有高数百米以上者，坡度 55°～80°，似壁状，故称为滑坡壁。在平面上它多呈圈椅状（环谷状、马蹄状），岩体滑坡中也有呈直线或折线状者。其中最上部高陡部分称为主滑壁，两侧称为侧壁。发生不久尚未坍塌的滑坡壁上常留下清晰的滑动擦痕。

（4）滑动面、滑动带和滑动擦痕：滑坡体滑动时与不动体间形

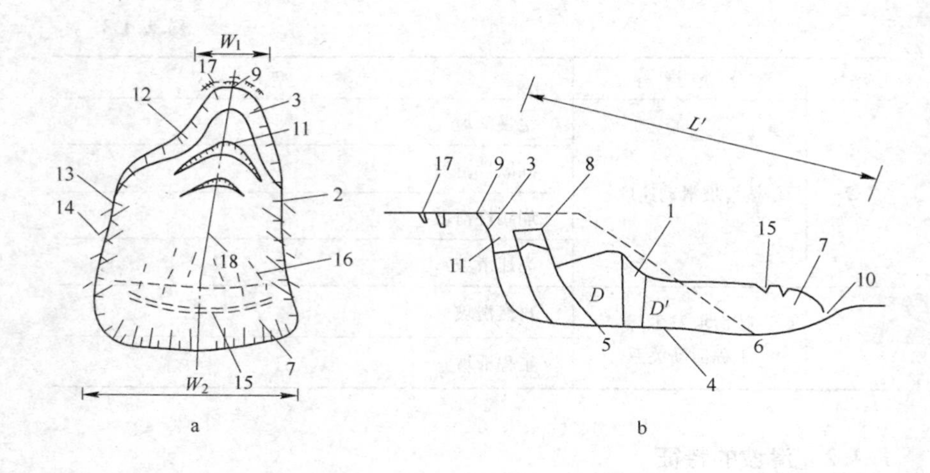

图 1-1　滑坡要素平、剖面示意图

a—平面图；b—剖面图

1—滑坡体；2—滑坡周界；3—滑坡壁；4—滑动面；5—滑坡床；6—滑坡剪出口；7—滑坡舌与滑坡鼓丘；8—滑坡台阶；9—滑坡后缘；10—滑坡前缘；11—滑坡洼地（滑坡湖）；12—拉张裂缝；13—剪切裂缝；14—羽状裂缝；15—鼓胀裂缝；16—扇形张裂缝；17—牵引性张裂缝；18—主滑线

成的分界面并沿其下滑，此分界面称为滑动面。许多滑坡滑动时在滑动面以上形成一层因剪切揉皱结构被破坏的软弱带，厚数毫米至数米，称为滑动带。滑动擦痕是滑动面上动体与不动体间因相互摩擦而形成的痕迹，它指示滑坡滑动的方向。

滑动面一般呈光滑镜面，多有擦痕。其形状在均质土中多为弧线或曲线状，在堆积土中多呈折线或直线与曲线组合状，在岩石滑坡中呈直线、折线或曲线状。

滑动带一般含水量较其上、下土层高，软弱，可塑或软塑状，黏土颗粒也较多，色杂，揉皱严重。由于受滑体滑动力与滑坡床阻滑力一对剪切力偶的作用，在滑动带中常形成由张扭性和压扭性结构面构成的网状裂缝，有时在压性结构面上也形成擦痕。在岩石顺层滑坡中由于受构造作用影响，可在滑动带上、下形成两个滑动面。

（5）滑坡床：滑动面以下的不动岩、土体称为滑坡床。

（6）滑坡剪出口：滑动面最下端与原地面相交剪出的破裂口称为滑坡剪出口，简称滑坡出口。在滑坡大滑动之前它表现为地面隆起、翘出，或建筑物被剪断，大滑动之后常被埋入滑坡体之下。

（7）滑坡舌与滑坡鼓丘：滑坡体从滑坡剪出口滑出后伸入沟、堑、河道或台地上形似舌状的部分称为滑坡舌。国内也有称之为滑坡头部（类似泥石流的龙头）的，由于滑动面反翘或滑坡体前部受阻，该部分常形成垂直滑动方向的一条或数条土垅，称为滑坡鼓丘。

（8）滑坡台阶和滑坡平台：滑坡体在滑动中因上下各段的滑动次序和速度的差异，在其上部常形成一些错台，每一错台形成一个陡壁，此称为滑坡台阶。宽大的台面称为滑坡平台，有时该平台具向山缓倾的反向坡，称为反坡平台，是滑坡的一个典型地貌特征，尤其是沿弧形面旋转滑动的滑坡。

（9）滑坡后缘：主滑壁与山坡原地面的交线称为滑坡后缘。

（10）滑坡前缘：滑坡舌前部与原地面的交线称为滑坡前缘，其最突出的地点称为舌尖。

（11）滑坡洼地和滑坡湖：滑坡滑动后，滑坡体与主滑壁之间拉开成沟槽或陷落成“地堑”状，相邻土楔向山反倾形成四周高、中间低的洼地，称为滑坡洼地。当滑坡壁向外渗水或地表水汇集于洼地中形成渍泉湿地或水塘时，就称为滑坡湖。

（12）拉张裂缝与主裂缝：位于滑体上部因滑坡体下滑而张开的长数十米至数百米、方向与滑坡壁吻合或大致平行的裂缝称为拉张裂缝，其中与主滑壁重合的一条称为主裂缝。

（13）剪切裂缝：位于滑坡中下部的两侧，因滑坡体与两侧不动体间发生剪切位移而形成的裂缝叫做剪切裂缝，它形成滑坡的两侧边界。

（14）羽状裂缝：滑坡体两侧剪切裂缝尚未贯通前，因动体与不动体间相对位移剪切而形成的呈羽状（雁行状）排列的张裂缝称为羽状裂缝。

（15）鼓胀裂缝：滑坡体下部因下滑受阻挤压隆起形成鼓丘，在其上形成垂直于滑动方向的鼓胀裂缝。

(16) 放射状(扇形)张裂缝:滑坡体下部因下滑受阻而形成的顺滑动方向的压张裂缝,在滑坡主轴部位大致平行于滑动方向,两侧呈放射状(扇形状)分布。在滑坡大滑动前,它先于鼓胀裂缝和滑坡剪出口出现,是抗滑段受挤压的标志。滑坡滑动后,滑体像两侧扩展也可形成张裂缝,在舌部呈放射状分布,故称为放射状张裂缝或扇形张裂缝。

(17) 牵引性张裂缝:主滑壁以外因失去侧向支撑而形成的尚未滑动的断断续续的张裂缝,称为牵引性张裂缝。它预示着滑坡可能扩大或主滑壁可能坍塌的范围。

(18) 主滑线(滑坡主轴):滑坡体上滑动速度相对最快的纵向线称为主滑线,也称为滑坡主轴。它代表滑坡整体滑动的方向,可为直线或曲线,位于滑坡体后缘最高点与前缘最远点的连线、滑坡体最厚、滑坡推力最大的纵断面上。

此外,值得说明的问题有两点:

(1) 我国习惯上将滑坡的下部称为滑坡的头部或舌部,将其上部称为后部,像泥石流一样,是以滑坡的前进方向来命名的;而国外是按山坡的上、下来划分,将滑坡的上部称为头部,下部称为脚部和趾部,与国内的叫法正好相反,这是值得注意的。

(2) 前述要素是指一个发育完全的简单滑坡所表现出的特征。实际工作中遇到的滑坡很少具备这样完整而清晰的要素特征,或因发育不完全、或因结构复杂相互干扰而缺失某些特征,这就要根据当地的具体地质条件和滑坡的力学属性具体分析去判明那些尚不清楚的特征。

B 古老滑坡的特征

处于稳定状态的古老滑坡具有独特的外貌特征:

(1) 上部环谷状外貌明显,滑坡壁依滑坡发生早晚而变缓,长有树木或杂草;

(2) 每级滑坡有一个宽缓的滑坡平台,较两侧未动山坡低,与上下游阶地不在同一高程上;

(3) 中部呈平缓的斜坡,坡度一般为10°~30°;

(4) 下部则突出于沟、堑、河道或阶地上，把河沟道挤窄，表现出河流的“凹岸突出”；

(5) 有时在公路滑坡上可见到“马刀树”和“醉汉林”。

C 高速远程滑动的滑坡特征

高速远程滑动的滑坡，由于滑距达数百米至数千米，大部分滑体脱离滑床，覆盖在前方地面上，滑坡壁高达数十米至数百米，滑体则顺滑动方向呈波浪状平铺在地面上，形成10°左右的缓坡，其表面的树木和庄稼仍保留。有的高速滑坡在滑程中遇到阻挡发生碰撞而解体，甚至变成“碎屑流”，则是滑坡的转化。

D 滑坡在平面上的特征

滑坡在平面上的特征多种多样，有长条形、簸箕形、椭圆形、横长形、菱形、楔形等，多受物质组成、古地形及构造条件的控制。一个大滑坡区可能有多条、多级滑坡和多期滑动。

E 滑坡后部特征

在滑坡壁下的滑体上，在大滑动前表现出一条或数条拉张裂缝及局部下错。一旦滑坡发生大的滑动，在其后部常出现陷落洼地和反坡平台。浅层小型滑坡，由于下错高度小，滑移距离短，只出现小的陷落带（裂缝密集带）；厚层大型滑坡，下错高度达数十米，在滑坡壁下常形成宽而深的滑坡洼地（滑坡湖），其外侧形成宽缓的反坡平台。滑坡陷落洼地的成因为滑体滑移下错时与后壁不动体间拉开较大裂缝，滑体后部产生主动土压破坏填充此裂隙，故形成向山的反倾裂缝带和陷落洼地。反坡平台的形成原因之一是滑体的旋转，之二是后部陷落填塞裂隙对前部的推挤。在岩石顺层滑坡的情况下，由于滑体相对完整，后部除少量坍塌外，常形成宽大的沟槽并露出滑床。

F 滑坡前部及剪出口特征

滑坡前部由于受临空面的控制，常常形成抗滑段的多条带状剪出口（新形成的滑动面），2~3 条剪出口裂缝是常见的。此外，由于抗滑段受阻，在强大的滑坡推力作用下，前部被挤压，地面隆起开裂，形成鼓胀裂缝和垂直滑动方向的鼓丘。在岩石顺层滑坡的情况下，在抗滑段常因受挤压而形成岩层褶曲，它与构造褶曲的区别在于裂隙多张开。

滑坡的剪出口位置是研究和防治滑坡所关注的重点问题之一，因为它涉及滑坡危害范围的大小和治理的难易程度。

1.4.2.2 滑坡的结构特征

滑坡的结构特征主要是指滑坡在剖面上滑体、滑面、滑带及滑床的特征。其中滑体的构成前面已经述及，滑床岩土主要是风化轻微、强度较高、相对隔水的地层，情况较简单。因此这里重点讨论滑带和滑面的特征，并以滑坡的主轴断面为代表。

A 滑带的物质构成和特征

主滑带对滑坡的产生起控制作用，其物理力学性质取决于其成因、物质组成、密度和含水状态。概括来说，滑带土的类型如表 1-4 所示，说明如下。

表 1-4 滑带土的分类

按成因分	按物理性质分	按成因分	按物理性质分
堆积物	黏性土	泥化夹层	岩 粉
残积物	粉质土	构造破碎带	软 岩

（1）堆积物：第四系的坡积、洪积、风积和冰碛等物质，其细粒含量较多，相对隔水，如黏土、黄土、坡积和洪积的砂黏土等，有时还含有岩屑、碎石和砾石等，颜色较混杂，含水量较其上下层高，常呈可塑至软塑状，强度低，常形成黏性土、黄土、堆积土和堆填土滑坡的滑动带。

（2）残积物：主要指一些软岩（如泥岩、页岩、黏土岩、片岩、板岩、千枚岩、泥灰岩、凝灰岩等）顶面风化形成的一层残积土，多已黏土化，由于上覆堆积层的混入和地下水作用，颜色混杂，相对隔水，含水量高，呈可塑至软塑状，强速低，常形成土质滑体沿基岩顶面滑动的滑坡的滑带。

（3）泥化夹层：指相对坚硬岩层中间夹的软弱岩层（如泥岩、黏土岩、泥灰岩等）受构造、风化及地下水作用而泥化，相对隔水，强度较低，但颜色较单一。它常构成岩层顺层滑坡的滑动带。

（4）构造破碎带：指地壳构造运动中形成的倾向临空面的各种规模的断层破碎带，或顺层，或切层，成分为软岩受挤压破碎的岩粉和泥状糜棱物，含有硬岩碎粒、碎块，相对隔水，强度低，它常构成破碎岩石滑坡和大型岩层顺层滑坡的滑动带。

滑带土的一般特征为：

（1）土体结构被破坏，揉皱严重，多数颜色混杂；

（2）一般黏粒含量较高，呈泥状或糜棱状，亲水性强，隔水，含水量高，呈可塑至软塑状，强度低；

（3）已滑动过的滑坡滑动面上有光滑镜面和滑动擦痕。

B 滑动面的纵断面形态和滑动模式

滑动面在滑坡主轴断面上的形态主要有圆弧形、平面形、折线形、连续曲面形和软岩挤出形，此外，还有沿“V”槽的楔形滑动。

（1）圆弧形：滑动面为圆弧面或螺旋曲面，它不受地质上先期形成的软弱面（层）控制，主要受控于坡形造成的最大剪应力面，与滑动过程同时形成，因此也有人称其为同生面。滑坡发生前在坡脚附近出现应力集中，剪应力超过该部位土体的抗剪强度造成坡体蠕动，应力调整，坡顶则产生拉力破坏出现拉张裂缝，一旦滑面中段全部出现剪应力大于土体的抗剪强度，滑坡将发生整体滑移。由于滑动面为圆弧形，故以旋转滑动为主。在有地下水活动的情况下，滑动面的一部分常符合于地下水位的波动线上。这类滑坡多出现在均质土坡和强风化的破碎岩石斜坡上。

（2）平面形：滑动面为一平直面，它常常是地质上先期已经存在的软弱结构面，如岩层面、构造面（断层错动面、大节理面、片理面等）、基岩顶面的剥蚀面、不整合面、老地面、不同成因的堆积（坡积、崩积、洪积物）面等。常见者有三种情况：

1）堆积物（包括坡积、崩积、洪积物及人工堆积物）沿下伏的平直的基岩顶面、老地面或不同成因的堆积面滑动；

2）较坚硬的岩层（如砂岩、石灰岩等）或互层岩层沿下伏软弱岩层（如泥岩、页岩、泥灰岩等）或层间错动带滑动，其后缘片破裂面符合于走向与层面走向一致的张裂面，或一组 X 节理面，所以呈直线形或折线形；

3）半成岩地层，如第四纪初形成的河、湖相地层（如昔格达层），层面非常平缓（倾角仅5°左右），因含有遇水易膨胀的矿物（如蒙脱石），强度低，上覆岩层沿下伏受水软化的岩层滑动。

（3）折线形：滑动面为若干个平直面的组合，它可以是基岩顶面的剥蚀面、不同成因或成分的堆积面，也可以是基岩中层面或构造结构面的组合面，是最常见的滑动面形态。

（4）连续曲面形：滑动面为倾向沟谷等临空面的上陡下缓逐渐变化的软弱岩层或层间错动带，常常是向斜的一翼，形成大型或特大型岩石顺层滑坡。由于特殊的坡体结构，山坡上部对下部存在巨大的推力，一旦山坡下部支撑力被减弱，或被冲刷、开挖，或水库浸水软弱带强度降低，或坡体上部堆载，就会形成大规模的岩石顺层滑坡，体积可达数百万、数千万，甚至数亿立方米。

（5）软岩挤出形：高陡的坚硬岩层（如砂岩、石灰岩等）陡坡（或陡崖）下伏软弱岩层（如泥岩、页岩、千枚岩等）或破碎岩层，由于下伏的软岩承受不了上覆岩层的重压而产生压缩变形和剪切蠕变，继而向临空方向挤出，上覆岩层先是拉裂，继而下错，随之分块向外滑移，国外有人称之为侧向扩展，我们称其为错落型滑坡。在未滑动之前，上覆岩层由于变形松动常发生崩塌。

（6）“V”槽的楔形滑动：这类滑坡多发生在岩体中，受层面与节理或断层与节理的切割，两组面形成“V”槽谷，岩体顺两个面的交线滑动，这类变形一般规模不大。

（7）复合形纵断面形态：该类滑面既包括上述各种滑面类型的组合，又包括滑体在剖面结构上的组合。即在同一滑坡中，可能包含圆弧滑面、单一滑面、折线形滑面或属软岩挤出形的变形，在滑坡剖面上也可以有多种组合形式。滑坡在垂直滑动方向的横断面上的特征也是多种多样，有沟槽形，如堆积土石沿古沟槽形成的滑坡；有平槽形，如黄土沿下伏基岩剥蚀面的滑坡，岩体沿层面或构造面的滑坡；有弧形，如均质土中的滑坡；有三角形，如沿“V”槽滑动的滑坡。此外，还有复合型滑面、多层滑面等。

1.4.2.3 滑坡的受力特征

滑坡的失稳滑动，从某种意义上说是作用于滑坡这一系统的下滑力（滑动力）超过滑床的抗滑力（阻滑力）的结果。下滑力主要来自滑坡体重力沿滑动面的下滑分力，它和滑坡体物质的容重和滑体厚度（h）及滑面倾角（α）有关；此外，还有静水压力、动水压力和地震力等附加力。抗滑力主要是滑动面（带）土的黏结力和摩擦力，此外，还有滑体两侧不动体的阻滑力等。

A 滑坡的平面受力状态

滑坡作为一个受力体系，根据其受力特点，将其分为中部平移区、上部受拉区、下部阻滑受压区、两侧剪切区，分别分析其受力特点，如图1-2所示。由于滑坡的蠕滑先从中下部开始，上部因中部下移而失去侧向支撑力产生主动土压破坏，产生拉张裂缝，因此其大主应力 σ_1 为该段土体自重力（γh，γ 为该土体容重，h 为相应的滑体厚度），铅垂向下（垂直纸面）；小主应力 σ_3 呈水平方向，顺滑动方向，由于 σ_3 为减小，故产生垂直滑动方向的拉裂缝，相应的剪切裂缝不发育。中部为整体平移，故该区滑体内裂缝很少或没有，但其两侧因受不动体的阻力，形成了左右两对力偶，并派生出相应的大主应力 σ_1'、小主应力 σ_3'，相应的张扭性裂面和压扭性裂面。由于土体的抗拉强度低，故张扭面表现明显，即在滑坡两侧呈现出雁行排列的羽状张裂缝。反相压扭性裂面表现不明显。与 σ_1' 成锐角相交的一组共轭剪性面有时也发育，使滑坡边缘的剪切裂缝追踪该剪性面和羽状裂

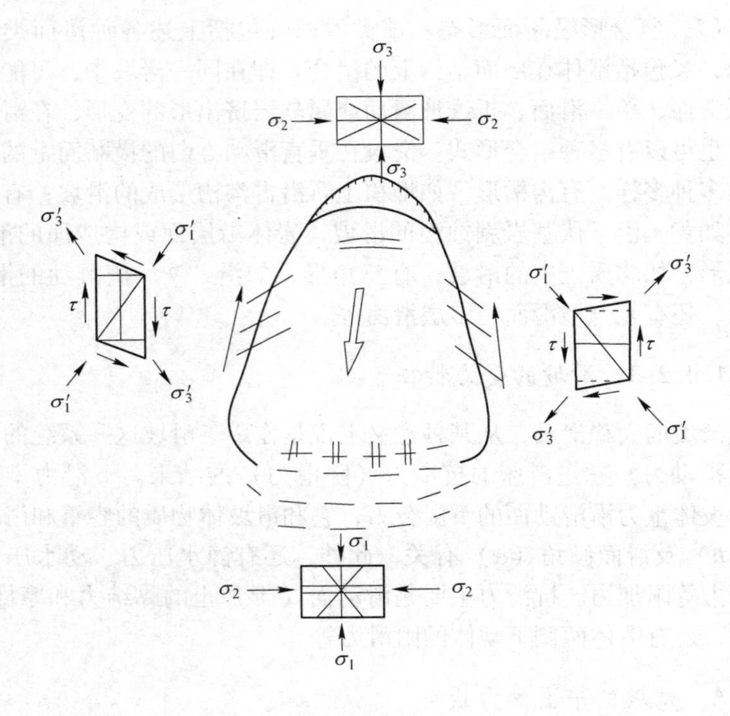

图 1-2 滑坡的平面受力状态图

缝发育。

下部受压区，大主应力 $\boldsymbol{\sigma}_1$ 平行主滑段滑动面，小主应力 $\boldsymbol{\sigma}_3$ 与其垂直，因此首先出现顺滑动方向（$\boldsymbol{\sigma}_1$）的张裂缝，因滑体下部向两侧扩散，故此张裂缝常呈放射状，称为放射状张裂缝。随着滑坡的滑动，垂直滑动方向土体隆起，并产生垂直滑动方向的鼓胀裂缝。

以上是土体滑坡的情况，若是岩石滑坡，受力状态相同，但所产生的相应位置的裂缝往往追踪岩体内已有的构造裂面或其组合面，分布仍是有规律的。

掌握滑坡的平面受力状态及其相应的变形形迹，在识别和分析滑坡发生方面有以下用途：

（1）一个较复杂的滑坡区，可以据此区分各个滑坡块体，分条、分级。

（2）对有些滑坡变形形迹表现不完全清楚，或被埋藏部分的形迹可作出推测，圈定滑坡的可能范围。

（3）可以区分滑坡的“土移区”和“土聚区”，显然受拉区是主要的“土移区”，受压区是主要的“土聚区”。

（4）根据变形形迹确定滑坡主轴断面（代表性断面）。

B 滑坡的纵断面受力状态

上面我们分析了滑坡的平面应力场及其相应的变形形迹——裂缝。但地表变形是内部受力和变形在地表的反映。为了分析滑坡的内部应力场，仍选择其主轴断面来分析，重点分析滑动面（带）的受力状态。早期人们在研究滑坡时，遇到的多是均质黏土中的弧形滑动面。但是随着研究领域的扩大，发现许多滑坡并非沿弧形面滑动，前面已经介绍了各种滑动面形态。研究表明，许多滑坡具有“三段式滑动模式”，即一般滑坡都有主滑段、牵引段和抗滑段，相应的有主滑段滑动面、牵引段滑动面和抗滑段滑动面，如图 1-3 所示。下面分析各段滑动面的受力状态。

a 牵引段

滑坡的滑动是由于斜坡下部受冲刷或切割，或受水造成应力调整、坡体松弛，地表水渗入软化滑带，主滑段首先失稳产生蠕动，牵引段因失去侧向支撑而发生主动土压破裂。因此牵引段的大主应力 σ_1 是该段土体自重力，小主应力 σ_3 为水平压应力。由于 σ_3 的减小而产生主动土压破坏，破裂面与大主应力 σ_1 的夹角为 $45°-\varphi$，φ 为牵引段土体的内摩擦角。破裂面与水平面的夹角 $\alpha_1=45°+\varphi/2$。由于滑坡上部含水程度不高，对黏性土来说，$\varphi=30°$左右，故 $\alpha_1=60°$左右；黄土的 $\varphi=35°\sim40°$，$\alpha_1=62.5°\sim65°$；堆积土 $\varphi=40°$，$\alpha_1=65°$；胶结较好的地层 $\varphi=50°$，$\alpha_1=70°$。岩质滑坡，该破裂面则受岩体中已有构造面的控制。

b 主滑段

主滑段一般属纯剪切受力，即受平行滑面的下滑力与滑床的阻滑力构成的一对力偶作用，派生出主压应力 σ_1'和主张应力 σ_3'，从而形

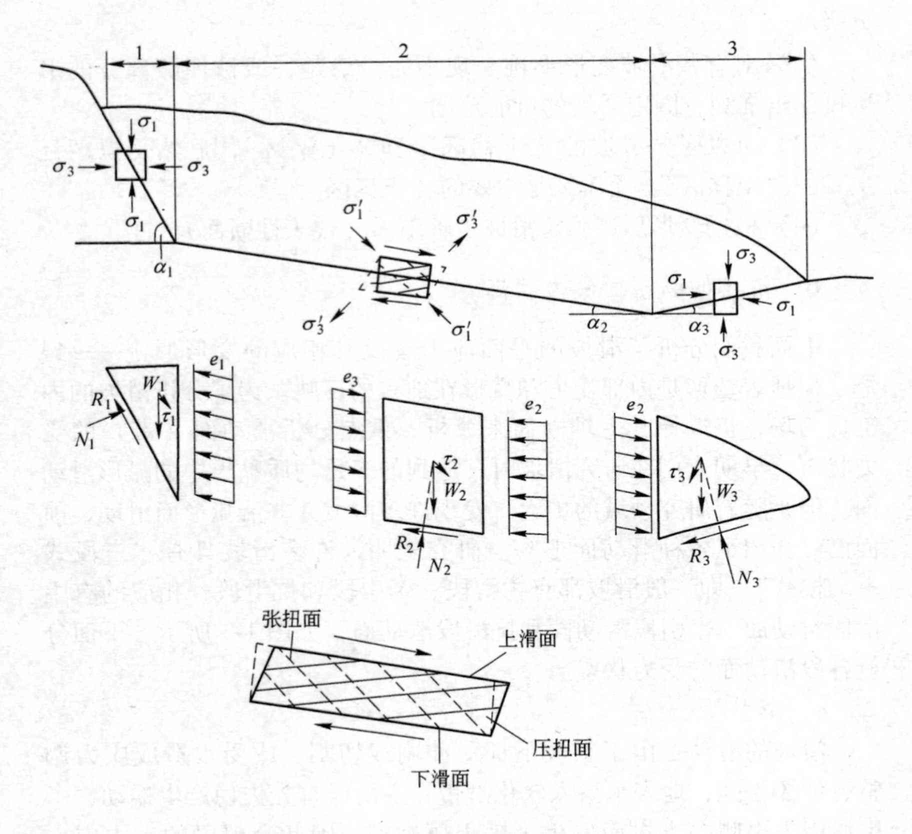

图 1-3 三段式滑动模式及受力状态

1—牵引段；2—主滑段；3—抗滑段

成一组压扭面和一组张扭面。当滑坡位移较大时，在滑动带的上、下形成一或两个剪切光滑面，并常有擦痕。压扭面也光滑，但倾角比主滑动面陡。有时在钻探中因主滑面被破坏而在岩芯中见到陡倾角的光滑面，即为此压扭面，它是滑带的标志，但非主滑动面。

c 抗滑段

抗滑段来自主滑段和牵引段的滑坡推力，因此其大主应力 σ_1 平行于主滑段滑面，小主应力 σ_3 与 σ_1 垂直，因而产生被动土压破裂面。该面与大主应力 σ_1 的夹角为 $45° - \varphi_1/2$（φ_1 为抗滑段土体的内摩擦角)。该新生破裂面与水平面的夹角 $\alpha_3=45°-\varphi_1/2-\alpha_2$ (α_2 为主滑面与水平面的夹角),α_3 一般反倾向山坡形成地表反翘的剪出口。由于滑坡下部相对积水,φ_1 较小,如取 $\varphi_1=20°\sim30°$,主滑面倾角取 $\alpha_2=15°$,则 $\alpha_3=20°\sim30°$。不过因受地层结构和临空面条件控制,剪出口常有多条,该段滑面也具有一定的曲面形态。

对于岩石滑坡,以上原理仍是相同的,只是破裂面受岩体中已有构造结构面控制,不像土体中那样规则,而且岩体强度较高,反倾角度可以更大一些。

“三段式滑动模式”是一种简化分析,但它具有普遍性和代表性。以上重点分析滑动面的宏观受力状态,视滑体为近似刚体,因此滑体中的应力分布(仅指滑坡推力)按矩形分布考虑,这对于完整的岩石滑坡,或半岩质、胶结较好的滑体是适合的。对于含水量较高呈塑性状态或呈散体状态的滑体,可能梯形分布或三角形分布更符合实际,目前实测资料太少,有待进一步研究。

1.5 滑坡预测与监测预报

对可能发生滑坡的地点、滑坡类型与规模、滑坡发生的时间进行预测、预报,以及对新、老滑坡的判断,是滑坡整治和研究中的一项重要工作。

滑坡预测主要是指对可能发生滑坡的空间、位置的判定,它包括发生地点、类型、规模(范围和厚度)以及对工程、农田活动和居民生命财产可能产生危害程度的预先判定。滑坡发生地点的预测,其问题实质就是掌握产生滑坡的内在条件和诱发因素,尤其是掌握滑坡分布的空间规律。滑坡预报主要是指对可能发生滑坡的时间的判定,露天矿山滑坡预报更看重准确、及时预报这一点。

1.5.1 多因素预测

滑坡预测的基本内容主要包括:可能发生滑坡的区域、地段和地点;区域内可能发生滑坡的基本类型、规模,特别是运动方式、滑坡速度和可能造成的危害。依据研究区域的范围和目的的不同,可以把预测大致划分为区域性预测、地区性预测、场地预测三大类。

滑坡预测应遵循三个基本原则：实用性、科学性和易行性。

滑坡预测方法应使人们比较容易理解。滑坡预测的方法大致可分为两类：因子叠加法、综合指标法。

因子叠加法是把每一影响因子作为条件按其在滑坡发生中的作用大小纳入一定的等级，在每一个因子内部又划分若干等级；然后把这些因子的等级全部以不同颜色、线条、符号等表示在一张图上，凡因子叠加最多的地段（色深、线密、符号多的地段）即是发生滑坡可能性最大的地段，可以把这种重叠情况与已经详细研究的地段相比较作出危险性预测。这是一种定性的、概略的预测方法，也是目前切实可行、具有实用价值的一种方法。

滑坡预测的逻辑表达式可以用下列函数式表示：

$$M = F(a,b,c,d,\cdots) \tag{1-1}$$

当各项因子指标值确定后，可以将式1-1转化为：

$$M = (d + e + f + \cdots)A \cdot B \cdot C \tag{1-2}$$

式中 M——综合指标；

A——地层岩性因子指标值；

B——结构构造因子指标值；

C——地貌因子指标值；

a，b，c，d——分别为某一单因子指标值；

e，f——分别为一个外因子指标值。

N是发生滑坡的临界值。当$M>N$时，为危险区域；当$M=N$时，为准危险区域；当$M<N$时，为稳定区域。

N的确定十分重要，目前的办法同样只有通过典型地区滑坡资料统计分析而初步确定。式1-1基本上反映了滑坡发生中主导因子的决定性作用和从属因子间的等量关系，因此，遵循式1-1开展滑坡资料的统计分析，建立因子间的平衡，确定各因子内部的指标值，可能比较接近客观实际。

不同类型的滑坡，必然产生在不同的地质地理环境中。在特定的区域、特定的地质地理环境下发生的滑坡，一般都有特定的类型，故不同类型滑坡的产生条件，对于预测不同地质条件下产生的滑坡类型有一定的借鉴意义。

滑坡的范围和厚度与地质条件密切相关。变质岩和沉积岩的岩层活动一般具有第一等规模，其数量可达数十万、数百万乃至数千万立方米，甚至更大；巨厚的黄土层中产生的滑坡规模也较大，其数量等级有时可与岩质滑坡相当；同类土层中的滑动规模一般较小，以数千至数万立方米居多，极少有超过十几万立方米的；而堆积土滑坡的规模有较大的变化幅度，小则仅数千、数万立方米，大则可达到数十万、数百万立方米。

滑坡范围的预测应包括两个方面的含义：一是滑动涉及的范围，即滑坡滑动部分的体积预测；二是被滑坡堆积物覆盖范围的预测。当滑坡出口高、临空空间宽大时，不仅应预测滑坡滑动部分可能涉及的范围，还应当预测滑坡发生时，滑动物质可能覆盖的范围。

在滑坡初步预测后，根据工程的重要程度而补充不同详细程度的地质勘查，在滑坡勘查过程中，不宜采用面状勘探，而应抓住每一滑块条块的主轴断面进行详细的勘查，适当辅以其他平行主滑力方向的纵向断面以及横向断面，主轴断面是滑体最厚、最长、滑速最快、滑坡推力最大的断面，可以是直线或曲线。在布置勘探线过程中，线间距为30～50m，大型滑坡可为40～60m，点间距为30～50m，每级滑坡剪出口附近应适当加密。钻孔深度应达到调查推测的深层滑面以下3～5m。在滑坡中前部应有1～2个钻孔深入当地侵蚀基准面或开挖面的下一个深度，以免漏掉深层滑面。

1.5.2 滑坡监测预报

滑坡监测预报大致可划分为区域性趋势预报和场地性预报。区域性趋势预报是一种长期预报，是对于某一预定区域的滑坡活跃期和宁静期的趋势性研究，指出哪些地点可能会发生大量滑坡，造成危害。长期预报是根据诱发滑坡产生的各种因素的影响，来估计边坡稳定性随时间而变化的细节。在所有各种诱发因素中，除了人类活动因素完全具有人为性以外，其他各种因素都有一定的周期性规律，掌握这种规律，对于作出滑坡活动的预期预报是极为重要的。

场地性预报是一种短期预报，它是对于某一种建设场地或某一个具体边坡能否发生滑坡以及滑动特征、滑速、滑动出现时刻的预先判定。

边坡工程稳定性分析

随着岩土工程技术的发展，人类对边坡的稳定性研究也在不断地深化。最初，人们仅限于对滑坡、崩塌等灾害的研究，现今已开始关注人工边坡及自然边坡的研究。纵观历史发展，归纳前人对边坡稳定性问题的研究，大致可分为以下几个阶段：

20 世纪 50 年代初，由于欧美国家工业化的兴起、大规模的采矿、修筑铁路等工程建设，导致了很多人工边坡的出现，并诱发了大量的滑坡和崩塌，造成了重大的经济损失。于是，以滑坡为主要内容的半经验、半理论的研究逐渐开展起来。本时期的边坡稳定性研究主要是从边坡所处的影响因素、失稳现象和地质条件上进行初步的分析和对比，并应用极限平衡的静力条件对极限状态下的边坡进行稳定性评价。早期的极限平衡计算法就是主要基于各种假设的条分法。条分法最早是由瑞典人 Petterson 提出的，后来又有人对瑞典条分法做了各式各样的改进，才出现了基于不同力学假定的条分法，如 Morgenstern 法、Fellenius 法、Janbu 法、Sarm 法、Bishop 法、Spencer 法等，并针对其分析方法研发了计算机程序。

20 世纪 50 年代，人类的研究比较着重于人工边坡的划分，最早被引入的是地质历史分析法，其分析方法对滑坡的分析和研究做了有意的探索。通过对人工边坡类型的划分和地质现状的描述，运用工程地质类比法对边坡的稳定性进行评价是这一时期边坡稳定性研究的主要特点。

20 世纪 60 年代，边坡工程地质问题随着工程建设规模的壮大逐渐显现出来。特别是 1959 年法国 Malaises 大坝左岸坝肩岩体的崩溃事故和 1963 年意大利 Vajont 大坝上游左岸的边坡滑坡事故的发生，无论在经济上还是在安全上都给人们带来了巨大损失，这更让人们认识到对边坡破坏力学机理探索的不足。于是，人们开始重视结构面对边坡稳定性的控制作用，形成了初步的岩体结构的边坡分析方法。同时研发了以实体边坡比例的投影为依据，分析边坡失稳的观点，以此来对边坡的稳定性进行定性评价。与此同时，我国一些研究者在野外开展了大型岩体力学试验，加深了岩质边坡稳定性的研究。岩质边坡稳定性问题的研究基础理论和方法途径等均在这一时期取得了较大进展。

20 世纪 70 年代，人类开始着重于对边坡破坏机理的研究，提出了边坡变形破坏的机制模式和累积性破坏的观点，将边坡失稳的形成演化机制与其变形破坏的全过程串联在一起，促使边坡稳定性问题的研究进入了岩体力学分析和地质现状分析相结合的时代。在边坡的破坏机理探索方面，至今为止已提出了很多观点，如孙广忠提出的“岩体结构控制论”观点；王兰生提出的斜坡失稳的 3 种基本破坏方式和斜坡变形的 6 种主要模式；相同时期下，国外的 R. E. Goodman 也出版了《非连续岩体地质工程方法》一书，书中深入细致地讲述了研究岩体结构特性的过程。

20 世纪 80 年代，随着计算机技术水平的提高和岩体力学性质研究的深入，各种数值模拟技术和数值计算方法开始应用于边坡的稳定性研究。随着数值计算方法的进展，本构关系上的非线性和几何上的非线性已经开始被考虑，岩土体的本构模型已由弹性、塑性、弹塑性模型发展到黏弹性、黏塑性、黏弹塑性模型。岩体的大变形理论、损伤理论以及断裂力学理论的引入使数值分析结果更接近实际情况，是今后数值分析方法发展的主要方向。在数值分析方法发展的基础上，对边坡变形破坏机制、影响稳定性的因素、内部应力状态、地质体的赋存环境、坡体结构等都进行了深入的分析。同时，孙玉科、王兰生等对边坡的破坏机制进行了进一步的研究，补充和完善了边坡变形破坏的地质模式，并针对不同的地质模式提出了一些相应的稳定性计算方法；Saram 则研发了适用于节理岩质边坡失稳的 Saram 分析法。总的来说，该时期在计算模型、岩土力学参数确定和计算方法方面都得到了重大的发展，促使边坡科学发展进入到高峰期。

20 世纪 90 年代以来，系统科学、非连续介质理论、非线性科学理论以及计算机技术的发展，为研究边坡稳定性问题提供了许多新的方法和途径，人们的注意力也从边坡专题研究开始逐步转向边坡工程的系统性研究。学科之间的交叉和渗透，使许多与现代科学有关的方法和理论，如模糊数学、滑坡非线性动力学分析、可靠性分析理论、系统方法、突变理论、神经网络理论、分形理论及灰色理论等广泛应用于边坡稳定性的研究中，从而使边坡稳定性的研究步入了定量与定性的结合阶段，并形成各种各具特色的边坡稳定性预测模型。

通过以上对边坡稳定性问题的研究历程可发现，从最初对地质现象的定性描述和理想模型的建立分析到现如今利用便捷的、精确的数值计算方法对边坡稳定性问题进行的定量评价，边坡稳定性研究已经取得了辉煌的成果。但是，随着人类对边坡工程探索的加剧，所开采边坡的高度越来越大，边坡形状、地质状况也变得越来越复杂，暴露出来的各种各样的问题也越来越多，因此仍需要对这些新问题和新情况进行探索和研究。

边坡滑坡是边坡自身保持稳定的调整过程，同时促使边坡失稳的还有地质、气候、水文、风化、气象、人类的工程活动等内外因素。但其失稳的最根本原因是应力-应变状态的改变。开采过程中边坡失稳的主要原因有：应力释放对坡体临坡面土层强度的时间滞后的影响；开挖工程的地质土层应力释放后对形成的坡面应力状态的影响；环境水的渗流作用对坡体应力与强度的影响；自然环境对坡体土层强度的交融变化、风化侵袭所引起的应力效应；工程堆载对坡体应力扩散传播的影响。

边坡稳定性分析方法研究一直是边坡工程的研究热点，其发展程度不仅关系到工程安全和经济效益，更关系到时代科技的发展。纵观边坡的稳定性研究的发展过程，经历了一个从不完善到逐渐完善、从不成熟到逐渐成熟的发展历程。从目前来看，边坡稳定性分析方法主要可分为五大类：定性分析法、定量分析法、不确定性分析法、现场监测法和物理模型法。

2.1 定性分析法

定性分析法主要是通过分析影响边坡稳定性的主要因素、失稳边坡的力学机制和边坡的变形方式，来对边坡的稳定性进行评价，并说明该边坡将来可能发生的状况。该方法具有综合考虑影响边坡稳定性多种因素的优点。具体方法主要有：自然历史分析法、工程类比法、边坡稳定性分析数据库和专家系统、图解法等。

2.1.1 自然历史分析法

该方法主要根据分析边坡变形破坏的发育历史迹象、地质环境、影响稳定的因素等历史状况，并研究边坡失稳的整个过程，考虑边坡的区域性特征、趋势和总体状况，对已发生滑坡的边坡做出评价和预测。主要应用于自然斜坡的稳定性评价。

2.1.2 工程类比法

该方法的本质是将收集的边坡稳定性状况、影响因素及矿山设计院所提供的有关设计等多方面的资料作为矿山开采设计和分析边坡稳定的研究依据。工程类比法已被列入到一些重要规范和规定中，规定其方法应采用在地质工程设计中。正是由于工程类比法的发明，许多岩土工程设计取得了显著的成果。工程类比法是对两个类似系统的研究和类比推理，由一个系统的性质推理假设出另外一个系统的性质，此方法是一种横向思维。工程类比法虽然是一种经验方法，但在边坡的稳定性分析评价和设计中，特别是中小型工程的设计和评价中是一种很通用的方法。被广泛应用在边坡稳定性分析中。

2.1.3 数据库系统

边坡工程数据库系统是一种把收集来的边坡实例的地质特征、发育特点、变形破坏过程、影响因素、加固设计、边坡角、坡高、坡形等资料按照一定的格式系统地组织在一起的计算机方法。数据库的建立为类似工程边坡的稳定程度提供信息支持，在设计过程中计算机会根据设计的不同需求，很快速地从所储存的数据库中搜索出相近度最高的边坡实例，为设计提供有效的指导。正是由于此方法的发明，国家根据此方法在“八五”科技攻关期间建立了“水电工程边坡数据库”。

2.1.4 专家系统法

专家系统是一种把一位或多位边坡工程专家的数值分析、理论分析、工程经验、现场监测、理论模拟等有效的知识和方法有机地组织起来的智能化计算程序。该计算程序可对边坡工程稳定性进行分析和设计，构建一个边坡工程知识库，该库存有影响各种边坡失稳的因素。利用计算机智能化系统的程序模拟人脑的思维、推理与决策。在模拟系统中计算机以专家的身份对边坡进行咨询。所以以专家知识为基础的智能化系统已具备了专家处理问题的能力。正是由于专家系统能考虑到复杂边坡更多不确定性因素的影响，因此，在边坡稳定性分析中，专家系统的判断具有一定的优越性。

2.1.5 图解法

图解法可分为投影图法和诺模图法。投影图法是运用赤平极射投影的原理，通过作图直观地表示出边坡变形破坏的边界条件、可能失稳岩体及其滑动方向、分析不连续面的组合关系等，从而评价边坡的稳定性。常用的投影图法有实体比例投影图法、坐标投影图法、汇赤平极射投影图法。目前该法主要用于岩质边坡的稳定性分析。诺模图法是利用关系曲线或一定的诺模图来表示影响边坡稳定参数间的关系，并能求出保证边坡稳定的安全系数，或根据所需求的安全系数及某些参数来反推其他参数的方法。实际上它是一种数理分析方法的简化，使用起来比较便捷，结果也比较直观。

2.1.6 SMR 法

SMR 法是一种以对边坡岩体的特性进行分类和评分的大小来评价边坡岩体的稳定性程度的方法。SMR 方法是 Romana 在 1985 年对 RMR 法修正的基础上得来的，其目的是为了对边坡工程进行合理的分类，并在研究中研发了节理方向参数改正的阶乘方法和边坡稳定性被受不连续面的力学特征所控制的成果，为边坡开挖方法增加了很多改正因素。该方法不仅能够综合反映边坡岩体的地质基本特征，而且能够综合反映边坡岩体稳定的好坏程度、地下水作用和重力作用效应的综合指标，并应用到露天矿山边坡稳定性评估中。正是由于 SMR 法能够充分考虑岩体结构面对边坡稳定性的影响，所以该方法在边坡稳定性分析中占有相当大的优势。

虽然定性分析法在分析边坡的稳定性中能综合考虑多种因素的影响，并能很快地对边坡的稳定状态做出结论，但是在对边坡的内在应力与应变能力之间的关系的研究仍存在不足，要想更精确地对引起边坡失稳的原因做出评价，仍需要配合其他的分析方法。

2.2 定量分析法

定量分析法主要是分析边坡岩体的地质资料和力学性质，考虑边坡岩体可能受到的载荷，选取具有代表性的边坡模型和边坡的物理力学参数，从而对边坡岩体的稳定性进行分析和计算。具体方法主要有极限平衡法和数值模拟法。

2.2.1 极限平衡法

极限平衡法是根据边坡上的滑体或滑体分块的力学平衡原理（即静力平衡原理）来分析边坡各种破坏模式下的受力状态，并通过边坡滑体上的抗滑力和下滑力之间的关系来评价边坡的稳定性。该方法是边坡稳定性分析计算的主要方法，也是工程实践中应用最多的一种方法。就极限平衡本身来说，可分为很多方法，目前工程中用到的极限平衡稳定性分析方法有：Fellrnius 法（W. Fellenius，1963）、Bishop 法（A. W. Bishop，1955）、Tayor 法（Tayor，1937）、Janbu 法（N. Janbu，1954，1973）、Morgestern-Price 法（Morgestern-Price，1965）、Spencer 法（Spencer，1973）、Sarma 法（Sarma，1979）、楔形体法、平面破坏计算法、传递系数法、Bake-Garber 临界滑面法（Bake-Garber，1978）、刚体极限平衡法 $SLOPE^{2D}$ 和 $SLOPE^{3D}$（周创兵、陈益峰，2007）以及三维整体极限平衡分析法（周创兵、陈益峰，2009）等。

在工程实践中，由于解决问题的方式不同，主要根据边坡破坏滑动面的形态来选择具体方法。如对于平面破坏滑动的边坡，可以选择平面破坏计算法来计算；对于圆弧形破坏的滑坡可以选择 Fellenius

法和 Bishop 法来计算；复合破坏滑动面的滑坡可以采用 Janbu 法、Morgestern-Price 法、Spencer 法来计算；折线形破坏滑动面的滑坡可以采用楔形体法来计算；对于受岩体控制而产生的结构复杂的岩体滑坡可以选择 Sarma 法等方法来计算；此外还可采用 Hovland 法和 Lshchinsky 法等对滑坡进行三维极限平衡分析。

在极限平衡法的各种方法中，尽管每种分析方法都有自己的适用范围及假定条件，且提出的计算公式所涉及的因素也各不相同，但它们的大前提是相同的。所有的极限平衡法都有三个基本前提：

（1）滑动面上的抗剪强度 s 与作用在滑面上的垂直应力存在如下关系，即

$$\left.\begin{aligned} s &= c + \sigma\tan\varphi \\ s &= c' + (\sigma - u)\tan\varphi' \end{aligned}\right\} \tag{2-1}$$

式中 c，c'——滑动面上的黏结力和有效黏结力；

φ，φ'——滑动面的内摩擦角和有效内摩擦角；

σ——滑动面上的有效应力；

u——滑动面上的孔隙水压。

（2）稳定安全系数 F 定义为：沿最危险破坏面的最大抗滑力（或力矩）与下滑力（或力矩）之比，即 F = 抗滑力/下滑力。

（3）二维（平面）极限分析的基本单元是单位宽度的分块滑体。

近期又有学者提出基于最小安全系数的改进条分法，Donald 和陈祖煜（1997）将 Sarma 的静力平衡方程转化为微分方程，通过求解该微分方程的闭合解得到安全系数，并已开发出边坡稳定性分析程序 EMU 等。这些方法的不同之处在于各自的边界条件和假设不同，满足的平衡条件、滑动面形状、分条方法及各分条之间作用力处理方式的不同等。

在进行边坡工程稳定性分析中，极限平衡法具有模型简单、计算简捷、可解决各种复杂剖面形状、能考虑各种加载形式的优点，并有多年的实用经验，若使用得当，能得到比较满意的结果。一般地，忽视空间效应，将边坡工程稳定性分析作为平面问题来考虑，得出的结果偏于安全。此外，由于该方法引入了过多的人为简化假定，不考虑

岩土体自身的应力、变形等力学状态，所求出的岩土体分条间的内力和岩土体分条底部的反力，均不能代表边坡工程在实际工作条件下真实的内力和反力，只是利用人为的虚拟状态求出安全系数而已，不能反映边坡工程的整体或局部变形情况，因此，对变形控制要求较高的重要边坡工程，传统的极限平衡法就显得束手无策了。

2.2.2 数值模拟法

自 1966 年美国的 Clough 和 Woodward 应用有限元法分析土坡稳定性问题以来，数值模拟法在边坡工程中的应用取得了巨大进展。

数值模拟法主要包括有限元法、无单元法、离散元法、边界元法、DDA 法、流形元法、拉格朗日（FLAC）法和蒙特卡罗法等。

（1）有限元法：有限元法是近年来在边坡稳定性研究中应用比较广泛的分析方法之一。计算出二维或三维下边坡的安全系数，其过程是考虑土的本构非线性关系，计算出各单元的应力-应变关系，就能根据不同强度指标确定破坏范围的扩展情况和破坏区的位置。该方法并能将整体破坏与局部破坏联系起来，得出临界滑面的合适位置。其实质上是把拥有无限个自由度的连续系统，理想化为仅有有限个自由度的单元集合体，最终把问题转化为适用于数值求解的结构型问题。

（2）无单元法：无单元法是一种在有限元的基础上进行改进的方法。该方法具有操作简单、计算精确度高、收敛速度快、提供场函数的连续可导近似解等优点，并且在计算中只需要结点信息。正是由于无单元法具备以上优点，所以被广泛应用在边坡的稳定性计算分析中并有着广阔的应用前景。

（3）离散元法：离散元法是一种适用于层状破裂、块状结构或一般破裂结构岩体边坡不连续岩体稳定分析的数值方法，其最大的特点是能计算岩块内部的应力-应变的分布，还能把岩块上下顶底板之间的滑动与倾翻等大移动清楚地反映出来，并允许单元之间的相对运动，克服了变形协调和位移连续条件的要求，能对系统内大变形和变形过程进行有效的模拟。

（4）边界元法：边界元法是在 20 世纪 60 年代发展起来的求解

边值问题的一种数值方法。它是把边界问题归结为求解边界积分方程问题，在边界上划分单元，求边界积分方程的数值解，再求出区域内任意一点的场变量。与有限元法相比，边界元法具有降低维数（将三维问题降为二维问题，将二维问题降为一维问题）、输入数据准备简单、计算工作量少、精度较高等优点，尤其是对均质或等效均质围岩的地下工程问题的分析较为方便。但对处理复杂边坡和材料的非线性方面的研究仍存在不足。

（5）不连续变形分析（DDA）法：不连续变形分析是石根华于1988年提出的一种新的数值方法。它是一种用离散元很相近的块体元模拟块体系统，而这个块体是由不连续面切割所成，在模拟中，块体通过不连续面间的接触连成整体。该方法的计算网络与岩体物理网络是同样的，并且岩体连续和不连续的具体部位能被反映出来。DDA法不同于一般的连续介质，其整个系统的力学平衡条件是由不连续面间的相互制约所建立起来的，非连续接触和惯性力的引入，使DDA采用运动学方法不但可以解决岩体动力问题，而且还可以解决材料的非连续的静力问题，并能计算出边坡破坏前后的大小位移，如滑动、崩塌、爆破及贯入等，比较适用于极限状态的分析计算。

（6）流形元法：流形元法的基本原理是一种以拓扑流形为基础，利用限元的覆盖技术，并结合DDA法与有限元法各自优点的新的数值方法。

（7）拉格朗日（FLAC）法：FLAC分析法能较好地考虑岩体的不连续性和大变形特征，解决了边坡的大变形问题。FLAC分析法是在人们分析有限差分法原理的基础上提出的。此方法具有考虑岩体的大变行特点、不连续性、求解速度快等优点；但也存在破坏状态位移偏大等缺点。

（8）蒙特卡罗法：蒙特卡罗法是通过输入随机变量分布函数的数值来计算边坡安全系数的一种方法。该方法的研究使卸荷裂隙、黏聚力、地下水深、地震载荷、内摩擦角等对边坡的稳定有影响的各种因素被考虑进去。

数值分析方法能从较大的工程范围考虑边坡介质的复杂性，比较全面地分析边坡工程的应力与变形状态，能够对边坡工程从局部开始渐进扩展至整体破坏的过程进行量化表征，能够加深人们对边坡工程破坏模式和变形破坏规律的认识，是对极限平衡方法的改进和补充。

由于边坡工程的复杂性，如何合理概化边坡工程岩体的连续性、建立符合边坡工程实际的地质模型和计算模型、正确选用计算参数和合理的本构关系等，仍是值得深入探讨和研究的问题。

2.3 不确定性分析法

随着人类对边坡工程研究的深入，发现越来越多的不确定性因素在矿山设计和稳定性分析中被涉及，而不确定性分析法正是弥补了这一不足，将边坡的不确定性因素都考虑在内。当前不确定性分析法包括：灰色系统理论分析法、可靠度评价法、神经网络分析法和模糊综合评价法等。

2.3.1 灰色系统理论分析法

灰色系统理论是既把事物的已知因素和未知因素考虑在内，又把边坡的不确定性因素考虑在内的一种特别的描述灰色量的数学模型，即把全部的信息量当做系统中的灰色量。在灰色关联度边坡稳定性分析的基础上，利用各影响因素叠加后的影响程度，进而分析和评价出边坡的稳定性。

2.3.2 可靠度评价法

可靠性评价法是一种以结构工程的可靠性为理论的新方法，该方法在分析中不仅把边坡的岩体性质和地下水作为不确定性因素，而且还把边坡的计算模型、载荷和破坏模式等作为边坡分析的不确定性因素，然后结合边坡的具体情况，利用可靠性指标或者破坏概率把边坡的安全程度系统地评价出来。不过由于该方法是近 20 年来新发展起来的一种评价边坡工程的方法，所以还存在许多缺陷，仍需要继续探索和研究。

2.3.3 神经网络分析法

神经网络是一种多层网络的“逆推”学习算法，它由一个输入层、一个或多个隐含层和一个选择输出层组成，是利用工程技术手段模拟人脑神经网络的功能和结构的一种技术系统。这种方法以并行方式处理信息和数据，具有很强的自学能力、良好的容错性以及对环境的适应能力，通过搜索非精确的满意解来建立输入和输出的非线性映射，尤其适合处理知识背景不清楚、推理规则不明确等复杂类型模式，并能有效地识别难以建模的问题。人工神经网络理论的应用，可以尽可能地将影响边坡稳定性的因素作为输入变量，建立这些影响因素与安全系数的非线性映射关系，然后利用这种关系来预测边坡的稳定性。至今，应用最成熟的是 BP 神经网络，但其存在收敛速度缓慢和易陷入局部最小值等缺点。为了克服这些缺点，复合网络、自适应网络等逐渐被应用到边坡稳定性分析中。

2.3.4 模糊综合评价法

模糊综合评价法是应用模糊变换原理和最大隶属度原则，将模糊理论应用到边坡稳定性分析中，综合考虑被评价事物或其属性的相关因素，进而进行等级或类别评价。但由于此种办法评判较为笼统，主观性较强，所以一般应用在外延不明、内涵明确的边坡评价中。

2.3.5 分形几何法

在边坡稳定性分析中，根据边坡位移的监测资料，依据关联维数 D2 的原理，应用分形理论确定边坡状态空间维数的充分和必要值，然后依据 Renyi 熵 K2 的原理，用 K2 和 | K2 | 来分析边坡稳定性和稳定程度。分形几何的应用必须在无特征尺度区内，如果没有足够的经验，分数维所包含的信息将难以挖掘，因此，应考虑将分数维与各种方法综合应用。

对边坡工程进行稳定性分析时，各种不确定性方法都不同程度地考虑了边坡岩体和边坡工程本身的不确定性。对边坡工程复杂性和非线性性质的认识是传统的确定性分析方法所不能比拟的，这决定了不确定性分析方法在边坡工程应用中的普遍性和广阔前景。

目前，不确定性分析法尚存在着诸多不足，如对边坡进行稳定性评价时，不能考虑边坡变形破坏时的受力状态，也不能考虑边坡渐进变形破坏的过程，即对边坡动态稳定性演变过程不能进行分析，此外，不确定性分析法普遍存在着理论上还不完善的问题，限制了它们在工程中的推广应用。

2.4　现场监测法

边坡平衡状态的丧失，一般的规律是先出现裂缝，然后裂缝逐渐扩大，处于极限平衡状态，这时稍受外营力或振动，就会发生滑坡等现象。为了消除隐患，消除危害，有效而经济地采取整治滑坡的措施，保证各种边坡工程稳定，就必须对边坡建立观测网，并经常地进行位移、地下水动态等的观测和观测网的养护、维修。边坡裂缝的扩大变形，其观测结果将为研究边坡的类型、移动规律、评价治理的效果等提供宝贵资料，判断边坡对工程的危害程度，以便采取有效措施，防止边坡滑坡的发展。同时还必须密切注意滑坡体附近地下水的变化情况，如地表水、地下水的流向、流量、浑浊度等，以及边坡表面外鼓、小型滑塌等资料，便于综合分析、判断。

对于长期不稳定或间隙性活动的边坡和边坡群，必须进行动态测试，其主要目的有：

(1) 在边坡整治前配合地面调查和勘探工作，收集各种地质、力学资料，为整治设计提供依据。收集资料的主要目的是研究不同地质条件下不同类型滑坡的产生过程、发育阶段和动态规律（如边坡体上裂缝的产生、发展顺序及分布特征），研究边坡各部分的应力分布及变化，划分滑坡发育阶段，分析滑坡动态规律和性质。

(2) 研究影响边坡滑坡的主要因素，如斜坡坡脚开挖、河水冲刷或坡体上部超载对滑带应力状态的影响；地下水和地表水对滑坡产生和发展的影响；水库或渠道蓄水和放水对边坡稳定性的影响。

(3) 研究抗滑构筑物的受力状态。

(4) 研究滑坡的预报方法。

(5) 在整治过程中，监视滑坡的发展变化情况，预测发展动向，做出危险预报，以防止事故的发生。

(6) 整治过程完成后，通过一定时期的延续观测，了解边坡的发展趋势，判断是否逐渐趋于稳定，并检验完成工程的整治效果，必要时可追加工程。

对滑坡变形监测仪器一般有以下几点要求：

(1) 具有长期的稳定性；

(2) 具有足够量程；

(3) 具有合适的精度；

(4) 简单、方便；

(5) 坚固耐用，具有防腐蚀性、防潮、防震性能；

(6) 价格便宜，便于应用。

边坡稳定性监测方法主要有：

(1) 三角测量及精密水准测量；

(2) 滑坡记录仪观测；

(3) 裂缝观测；

(4) 探洞观测；

(5) 声发射监测。

2.4.1 声发射监测

实践证明，岩体声发射监测技术较其他监测预报技术，可以提前半个月以上揭示边坡是否发生滑动。岩体开挖引起应力重新分布，将导致岩体内部出现局部应力集中，使岩体内部局部应力超过强度而出现微破裂或使原有的裂隙进一步扩展。同时，岩体内积累的变形能随破裂和裂纹的扩展而释放，以应力波的形式向外传播，这种向外传播的应力波被称为岩体声发射信号。岩石声发射监测就是利用专门的仪器来接收该声发射信号，并转换成事件、能率、频率等特征值或进行波形分析来评价岩体稳定性的技术。

声发射监测具有灵敏度高、测试范围广、可实现远距离遥测、定时或全天候连续监测、简便实用、较位移监测更能提前准确预测岩体失稳等优点。

2.4.2 滑坡位移观测网

边坡滑坡的演变一般较为复杂。为掌握边坡滑坡的变形规律，研究防治措施，对不同类型的滑坡，应设置滑坡位移观测网进行仪器观测。尽管建设位移观测网费时费力，但它可以全面、直观地了解滑坡的动态，仍是观测研究边坡的传统方法之一。光电测距仪、自动摆平水准仪和激光经纬仪等新仪器的广泛使用，大大提高了观测的速度和精度。

滑坡监测网是指由设置在滑坡体内及周界附近稳定区地表的各个位移观测点，以及设置在滑坡体外稳定区地面的置镜桩、照准标、护桩等辅助桩组成的观测系统。其布置方法有：十字交叉网法、方格网法、任意交叉网法、横排观测网法、射线网和基线交点网法。

2.4.3 裂缝观测法

在边坡滑坡变形过程中，在滑体不同部位会产生裂缝，有随滑坡变形的发展而明显、有规律地变化的特点，对反映于地表及建筑物上的裂缝进行动态观测，可弥补精密仪器建网观测局部性位移难以测得的缺点。因此裂缝观测不仅对未建立观测网的滑坡有重要意义，即使是对已经建立了观测网进行系统位移观测的滑坡也能补充和局部校正位移观测的资料，尤其是对因地形等条件限制难以设桩的部位，裂缝变化资料对于分析边坡滑坡性质更显得十分重要。对边坡滑坡地面裂缝变形，广泛采用简易观测法，能够及时测量变化情况，以便进行全面分析，及时掌握滑坡的发生、发展规律。

观测滑坡地表裂缝时应全面进行，既要观测滑动体的主裂缝，也要观测次生的裂缝，弄清裂缝的来源，分清裂缝的种类，摸索出滑坡受力情况和滑动性质，推断滑动原因。地表裂缝的观测方法主要有：直角观测尺观测法；滑板观测尺观测法；臂板式观测尺观测法；观测桩观测裂缝法；滑杆式检测器观测法；双向滑杆式检测器观测法；垂线观测法；专门仪器观测法。

对滑坡体上及其附近有建筑物的开裂、沉陷、位移和倾斜等变形均应进行观测，因为这些建筑物对滑坡变形反应敏感，表现清楚，据此能详细掌握崩滑的原因、边坡稳定程度和发展趋势，以便为采取防护措施提供确切的参考数据。

2.4.4 地面倾斜变化监测

边坡在变形过程中，地面倾斜度也将随之产生变化。观测地面倾斜度的变化至少可以达到两个目的：一是对于尚未确定边界的边坡，通过倾斜观测可以确定边坡边界；二是对于已经确定了边界，但对滑坡动态尚不明确的，通过倾斜观测可以判断滑坡是处于稳定还是尚在活动。地面倾斜变化观测可利用地面倾斜仪来测定。

2.4.5 边坡深部位移监测

边坡滑坡是一种整体移动的现象，在滑坡滑动过程中地表与深部位移常常表现出局部差异，但在多种滑坡的情况下，这种差异在滑面上下表现出明显的突变型，所以在对地表位移进行观测的同时，还必须对边坡内部进行深层位移观测。

边坡深部位移观测的目的是为了了解边坡体内不同深度各点的位移方向、数量和速度，结合地面位移观测和地下应力测定，研究边坡滑坡的机理和动态过程，为滑坡整治提供可靠依据。主要观测方法有：简易观测法和专门观测法。

2.4.6 滑动面位置测定

确定滑动面的位置是防止滑坡的关键。在多层滑面存在的情况下，哪一部分滑体正在活动或已经稳定，仍是一个没有很好解决的问题。因此，国内外均重视滑动面测定方法和设备的研究。目前，主要观测方法有：钻孔中埋入管节测定；钻孔中埋设塑料管测定；简易滑面电测器测定；摆锤式滑面测定器测定；电阻应变管监测滑坡的滑动面。

2.4.7 滑坡滑动力观测

滑坡滑动力可以通过已知的工程地质条件和给定的设计参数计算求得。当工程完成以后，滑动力就是作用于构筑物的推力。所以，可利用设于构筑物上的压力盒来测定此值，从而获得推力分布及构筑物的受力状态，并检查、校核滑坡推力设计的准确性。

经过一定时间的多次动态滑坡观测后，对各观测项目的全部资料进行系统的整理和分析。这样无论对于分析滑坡基本性质（定性），还是对于进行滑坡稳定性计算（定量）都是十分重要的。通过资料的整理可以达到以下几个目的：

（1）绘制滑坡位移图，确定主轴方向。

（2）确定滑坡周界。

（3）确定滑坡各部分变形速度。

（4）确定滑坡受力性质。

（5）确定滑动面的形状。

（6）确定滑坡移动与时间的关系。

（7）绘制滑坡移动的平面图和纵断面图。

（8）绘制地表的下沉和上升。

（9）估算滑体厚度。

（10）进行滑坡平衡计算。

综上所述，边坡工程研究理论多种多样，各有其优点和局限性，因此，在对边坡工程进行稳定性分析时，不能片面、孤立地处理问题，需要综合运用各种分析方法，应用系统科学原理，采用综合集成的方法，充分利用已有的工程经验和现有的各种理论与方法，对边坡工程稳定性进行定量和定性分析。只有将科学方法与工程经验相结合，才能更好地改进、完善各种不确定性分析方法，使之更好的应用于工程实践。

2.5 物理模型法

物理模型法是一种发展较早、形象直观、应用广泛的边坡稳定性分析方法，主要包括底摩擦试验、光弹模型试验、离心模型试验、地质力学模型试验等。这些方法通常能把边坡岩土体中的应力大小及其分布、加固措施的加固效果、边坡岩土体的变形破坏机制及其发展过程等形象地模拟出来。

物理模型试验方法的最大问题是相似比不易满足、试验结果不能重复再现、随边界条件的改变适应性差、试验周期长、对模型尺寸的大小和精度要求较高、测量方法及其技术要求严格、费用较高等。

2.6 系统科学分析方法

2.6.1 系统科学方法发展

近代自然科学发展的一个显著特点是各门学科间相互渗透、相互补充、相互融合，形成新的边缘学科、交叉学科，并有逐步向系统科学发展的趋势。系统论是应运而生的一门新兴学科。20世纪20年代，奥地利生物学家贝塔朗菲创立了普通系统论。随着系统工程和系统方法的迅速兴起和发展，在20世纪50年代中期，形成了由普通系统论、系统工程和系统方法构成的新兴学科——系统科学。

我国系统工程的研究和应用起步比较早，在20世纪60年代，钱学森教授就在《红旗》杂志上发表了有关系统工程方面的论文，20世纪70年代逐步推广到航天工业的许多重要科研和生产部门，80年代前后，系统工程的运用跃上一个新台阶，开始走向军工部门，并推广到石油化工、冶金和水利等部门。近年来，我国著名经济学家马宾教授最先发起的开放的复杂巨型系统的研究，开辟了一个崭新的领域。钱学森教授将开放的复杂的巨型系统研究方法定义为定性与定量相结合的综合集成方法。

目前，系统科学得到了长足发展，已成为人类认识自然和改造自然的有力武器，为人类提供了新的科学思维方式，提高了人类研究和控制复杂系统的能力。

露天煤矿边坡工程这一复杂系统工程的研究内容包括地质背景、力学参数、计算方法、试验方法、加固措施等方面，其学科内容涉及工程地质学、岩体力学、计算数学、工程学等若干学科，对这样一个专业面宽、学科渗透复杂、相互交叉的研究系统，只有运用系统工程的原理和方法才能取得良好的效果。

2.6.2 边坡工程系统结构模型构建

系统论认为，系统是由相互联系、具有某种特定功能的诸要素所构成的一个整体，系统是物质存在的方式，并处于环境包围之中。环境是与系统或系统要素有关联的其他外部要素的集合。

输入、转换机构和输出，构成系统的三元素，如图 2-1 所示。

图 2-1　系统三元素示意图

一般来说，露天煤矿边坡工程系统主要是由边坡岩体子系统、边坡工程环境子系统和边坡加固子系统三个子系统所构成的复杂结构系统。系统主要功能表现为：在露天边坡分步开挖扰动因素输入下，通过系统内边坡岩体子系统和边坡加固子系统间的人为干预及系统自平衡调节作用，在边坡环境子系统作用下输出响应行为及其对边坡环境子系统的影响，总体实现系统安全、稳定、可靠，保障露天煤矿边坡工程正常安全生产。

边坡岩体子系统含有地形地貌、地层岩组、岩体结构、地质构造和弱面夹层等元素信息；边坡加固子系统含有削坡卸载、疏排降水、锚杆锚索、加筋挡墙和抗滑桩等构成要素；边坡环境子系统由工程环境、技术环境和社会经济环境组成，边坡工程环境子系统含有地应力场、地震载荷、降雨入渗、爆破振动和坡表堆载等要素，边坡技术环境子系统主要指设计水平、施工工艺、机械化程度及施工队伍素质等，边坡社会经济环境包括国家政策、法令法规、规程规范、投入产出、效益分析等方面。

边坡岩体子系统和边坡加固子系统处于边坡工程环境、边坡技术环境和边坡社会经济环境子系统之中，与环境子系统间相互进行物质、能量及信息的交换，受人为及时空变化条件的影响。系统与环境都有未知信息存在，因此，露天煤矿边坡工程系统是一个开放、复合、动态变化的灰箱系统。构建描述露天煤矿边坡工程系统的结构模型如图 2-2 所示。

2.6.3　系统科学原理应用

系统科学原理主要有整体优化原理、结构协调原理、动态反馈原理等，这些原理对边坡工程实践，不仅从理论上提供了依据，而且对

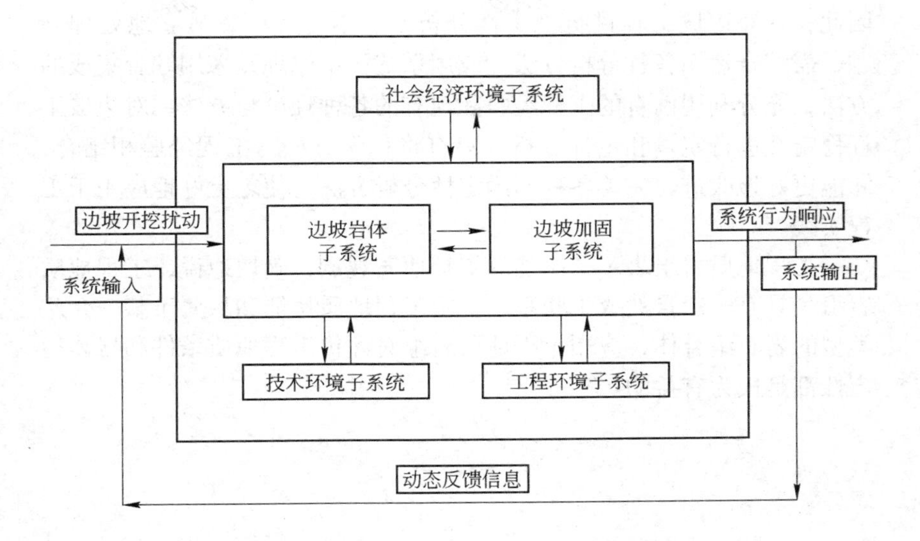

图 2-2 露天煤矿边坡工程系统结构模型图

保障边坡工程稳定的效果提供了应遵循的原则。

(1) 整体优化原理：强调系统的有机统一性，即从整体上把握系统运行的规律以及各子系统间的相互联系，找出和把握影响边坡工程系统稳定的主控因素，这是研究滑坡灾害发生、演化和制定优化工程对策的关键。

(2) 结构协调原理：系统的空间层次结构往往决定着系统的整体功能，因此，边坡工程系统内各子系统间的相互协调就反映了各子系统空间结构能够相互协调和适应。

(3) 动态反馈原理：边坡工程系统时时受环境子系统和输入条件的影响，在时间上是有序的，处在动态变化过程中，系统的状态参数随时间条件而变，外界环境通过对系统要素的干扰，使系统产生振荡、引起系统功能的波动；反之，系统由量变到质变所引起系统结构功能及性质的变化，又会反作用于环境，这就是系统的反馈原理。

系统反馈原理不仅能指导确定模型的计算参数，还具有判别系统是否稳定、预测滑坡险情、进行反馈设计等功能。

综上所述，边坡工程研究理论多种多样，各有其优点和局限性，因此，在对边坡工程进行稳定性分析时，不能片面、孤立地处理问题，需综合运用各种分析方法，应用系统科学原理，采用综合集成的方法，充分利用已有的工程经验和现有的各种理论与方法，对边坡工程稳定性进行定量和定性分析。只有将科学方法与工程经验相结合，才能更好地改进、完善各种不确定性分析方法，使之更好地应用于工程实践。

工程地质岩组表示了明确的工程地质观点，确切地说，工程地质岩组是具有一定自然成生联系、一定工程地质特征和从属于某一介质类型的岩石组合体，应用工程地质岩组对评价工程地质条件和岩体稳定性都是极为有益的。

矿山露天开采边坡稳定性分析

近年来，由于露天煤矿具有基建投资省、生产成本低、安全好和效率高等优点，露天采矿的规模和速度得到了迅速的扩张和发展。随着新的大型露天煤矿的不断开发，原有露天采场逐年加深，造成边坡暴露的高度、面积以及维持的时间也在不断增加，露天采矿边坡滑坡失稳事故频发，不但给人们的生命财产造成了严重损失，而且对矿山正常安全生产构成了严重威胁。因此，如何经济有效地评价和保障露天煤矿边坡工程的稳定性，是日益突出和亟待解决的重要技术难题。

露天煤矿边坡工程的特点是工程规模大、影响因素复杂、施工过程动态变化、长期边坡和临时边坡工程共存、整体稳定和局部稳定在时间和空间域相互影响。对这样复杂多介质边坡涉及岩体力学、工程地质学和计算力学等多学科交叉的边坡工程系统，采用传统单一的研究方法与手段往往难以奏效。需要在系统科学原理指导下，采用多学科交叉融合、综合集成的方法，对系统整体结构与功能进行动态、全过程的研究，强调定性与定量结合、经验与理论结合，以实现系统整体最优的效果。结合内蒙古某露天煤矿边坡工程实践，对露天煤矿边坡工程的稳定性及其控制对策进行深入、系统的分析评价和研究，查清边坡变形破坏的主控因素和变形破坏机制，提出经济、合理、有效的边坡整治、加固措施，具有十分重要的理论意义和工程实用价值。

3.1 内蒙古某露天煤矿边坡工程稳定性评价及分区

3.1.1 内蒙古某露天煤矿边坡工程现状及存在的问题

露天煤矿位于区域煤田中西部，面积 37.14km^2，可采煤层有 5 煤、5 煤下、6 煤上、6-1 煤和 6 煤层，主要可采煤层为 5 煤和 6 煤层，地势平坦，煤层倾角近水平，一般为 3°~5°。露天煤矿开采范围为初步设计中一采区的南部首采区，2006 年底，露天煤矿已形成南北长约 1.8km，东西宽约 0.9km，采坑面积约 1.62km^2。现开采深度为 930 ~ 940m 水平，开采煤层为 5 煤，已形成 50 ~ 60m 高的帮坡。

自 2005 年以来，该露天煤矿一采区采场东部非工作帮、北部端帮、南部出入沟道路已多次发生不同规模的滑落、坍塌，给生产组织造成极大影响，并不同程度地破坏了地面疏干管路及部分供电设施。

（1）露天煤矿东部非工作帮 2005 年 3 月形成，该帮坡顶标高 978m，坡底标高 930 ~ 946m，边坡高度 32 ~ 48m。由于地层岩性特征及受地下水的影响，局部边坡一直处于不稳定状态。2005 年 5 月 7 日、8 月 4 日，非工作帮中部坡面松散岩体发生大面积的滑落，此后该边坡一直处于蠕动变形过程中，并多处局部滑塌，造成东部排水沟被埋后被迫改道，地表疏干系统也受到严重威胁，导致部分疏干井报废。滑坡后该边坡坡底向西滑动位移 51m，坡顶滑落 31m，滑动面积 $2.51 \times 10^4 m^2$，最大落差达 13m，滑体方量为 $3.35 \times 10^5 m^3$（见图 3-1 和图 3-2）。

图 3-1　露天煤矿东帮中部 DH2 滑坡区

（2）露天煤矿北端帮形成于 2005 年 9 月底。坡底平盘为 5 煤层顶板，标高 945m，坡顶标高 982m，边坡高度 37m。2005 年 12 月 15

图 3-2 露天煤矿东帮中部 DH2 滑坡区 25 号疏干井

日，沿坡面底部发生蠕动滑移现象（见图 3-3），2006 年 2 月，标高 982m 水平发现平行端帮的裂缝，受春融和雨水的影响，裂缝延伸较快，至 6 月初，裂缝延伸长度达到 150m，裂缝宽 0.10 ~ 0.23m，裂缝南侧下落 0.25m，最大落差 0.35m；2006 年 8 月 27 日，北部端帮突发较大范围的滑坡，北端帮出入沟道路全部毁坏，NB2、NB3、NB4 三口疏干井报废，同时其他疏干井、6kV 的高压线路及 YB-2 变

图 3-3 露天煤矿北端帮 BH1 滑坡区

电站受到威胁。

（3）南部出入沟2006年9月29日945～960m标高水平运输坡道DH1滑坡（见图3-4），持续时间2～3d，随后10月、11月多次发生滑塌，滑动区南北长140m，滑动面积$1.41\times10^4m^2$，滑体方量$5.0\times10^4m^3$，破坏了出入沟运输道路，严重影响了生产运输。目前邻接其上部东部非工作帮边坡已出现裂缝，且裂缝延展速度较快，使得东部非工作帮南段和北段的裂缝已经贯通，该边坡处于极不稳定状态，已严重威胁着东帮疏干排水主管道、疏干井及环坑35kV线路。

图3-4 南部出入沟水平运输坡道滑坡区（DH1）

该滑坡体在平面上近似呈矩形分布，滑坡主轴253°，滑体长95m，最大宽度101m，滑动面积$8066m^2$，滑体方量为$2.96\times10^5m^3$，滑体坐落10m，位移31m。滑坡体中形成了978m、973m和960m标高等多个台阶。滑坡前缘在942m标高水平5煤层中形成隆起带，底部隆起面积$1.12\times10^4m^2$，随后地表裂缝向北发展，新增数条东西向裂缝，最长的裂缝延伸长度300m，裂缝宽度为0.10～0.22m，落差为0.10～0.35m。此次滑坡造成北部区生产剥离中断，严重影响了生产。

随着该露天煤矿进一步的开拓和延伸，边坡的问题将更为突出，它已经成为制约露天煤矿安全与生产的重要因素。根据开采计划露天煤矿6煤层出露，向深部开挖90m，形成的边坡高度将达到150m，开采6煤层时，边坡最大高度将增加到200m。如不及时对现有边坡进行治理，进行试验段的全面、系统研究，提出必要的、切实可行的防治对策，露天煤矿的生产将难以顺利进行，生产安全难以保障。为此，研究滑坡灾变演化过程、衍生模式与主要技术指标，针对滑坡现状，研究滑坡防治技术，制定适合的防治方案，解决现存的边坡失稳问题和可能进一步恶化的边坡失稳问题，确保安全生产，成为该露天煤矿的当务之急。

3.1.2 南端帮工程地质条件评价

南端帮位于采坑南部，走向N40°W，坡顶标高980～1005.2m，目前开挖长度530m，坡底标高最低930m，已形成最高处达60m的边坡。

3.1.2.1 岩性组合及物理力学性质

南端帮岩层由老排土场排土、第四系松散层及白垩系煤岩地层组成。帮坡顶部堆积有小矿开采时的老排土场排土，厚度3～15.2m，平均厚7.5m；第四系中、细砂厚度11.5～22m，平均17.4m，局部夹有粉质黏土、砂砾薄层；煤系地层全区分布，控制深度在6煤顶板以下30m范围内。

试验结果显示，南端帮岩性以泥岩为主，泥岩抗压强度最大6.24MPa，最小4.37MPa，标准值4.75MPa，软化系数0.06；抗剪强度在天然状态下最大0.41MPa，最小0.17MPa，标准值0.23MPa；饱和状态下抗剪强度，黏聚力0.06MPa，内摩擦角25°。试验数据表明，泥岩的强度较低，特别是在饱水情况下软化，强度急剧下降。

3.1.2.2 地质构造

地层总体向北和北西向倾斜，基本与边坡倾向一致，倾角0～14°，对边坡稳定不利。南端帮最终境界为F25断层与6煤顶板交线，边坡岩体全部在断层上盘，F25是一条压扭为主的正断层，倾向SE，倾角70°，为一高倾角断层，倾向与边坡反向，因此对其南端帮边坡稳定性影响不大。除F25断层外，目前采坑所揭露岩层及在工程地质调绘中，未见其他影响边坡稳定的地质构造。

3.1.2.3 软弱层

南端帮软弱层广泛分布于风化带深度范围内以及煤层的顶底板。弱层岩性以泥岩或炭质泥岩为主。弱层抗剪强度：黏聚力8～19kPa，内摩擦角6°～20°。

3.1.2.4 岩体结构类型

岩体结构类型是岩体的基本特征，它控制着岩体变形和破坏的力学机制，在工程地质勘探过程中，应在试验的基础上确定岩体的结构类型，从而判断岩体的力学介质类型及岩体力学模型，并根据岩石力学试验成果结合地质条件评价岩体稳定性。

根据本区岩性结构面的特点划分勘察区的岩体类型见表3-1。

表3-1 南端帮边坡岩体类型

岩体类型		组 成	岩性描述	稳定性
松散岩体	排土场排弃堆积物	采场排弃的剥离物，厚度3.2～15.2m	抗剪强度 φ 值20°，C 值10.98kPa，强度低	不稳定
	第四系松散砂层	上部细砂，下部为粉质黏土，平均厚度17.4m	细砂层松散，受地下水作用易流动，是矿坑充水的直接含水层；粉质黏土层层状结构，天然含水率21.10%，抗剪强度 φ 值19.2°，C 值0.078MPa，强度较低	不稳定
层状裂隙岩体	碎裂结构岩体	上部强风化带岩层呈黏土状；下部弱风化带裂隙发育；深度120.8m	岩体风化破碎，泥岩软、砂岩疏松，风化裂隙带泥岩软，砂岩疏松。煤层破碎，透水性较好，沿风化带深度形成广泛的软弱层，影响岩体的稳定	不稳定
	层状块裂岩段	由泥岩、砂岩及煤层组成，其中泥岩占70%	凝灰质胶结，较疏松，岩层对比不稳定，强度低，两个煤组均为承压含水层，影响岩体的稳定	不稳定

南端帮最低可采煤层底板以上岩石抗压强度在6～15MPa的中硬岩，只占岩石比例的5.15%（不包括煤层），平均厚度为7.51m，大多数岩层为软岩，抗压强度在3.2～6.5MPa，泥质胶结，较疏松，岩层较不稳定，两个煤组均为承压含水层，对岩体的稳定性有一定影响。

3.1.2.5 工程地质条件评价

（1）南端帮地层走向为北西向，倾角为0～14°，为缓倾角顺层边坡，这种组合关系不利边坡稳定。

（2）地质构造发育一般，F25断层对南端帮影响不大。

（3）风化带地层均属较软弱地层，主要分布在煤系地层强风化带深度以内。

（4）南端帮有第四系孔隙潜水含水层，煤系地层有两个层间承压含水层，对边坡稳定有影响的是第四系含水及泥砾、砂岩含水。

各项数据表明，首采区南端帮地质条件较差。

3.1.3 非工作帮工程地质条件评价

现在的东帮为一号露天煤矿首采拉沟位置，为露天煤矿非工作帮，长约1800m，地面标高980m，目前采深约50m。

3.1.3.1 岩性组合及物理力学性质

本区岩层由第四、三系松散层及煤岩地层组成。第四系中、细砂全区分布，厚度12.3～23.5m，平均18.7m，局部夹有粉质黏土、砂砾薄层；第三系局部分布，厚度0～16m；煤系地层全区分布，控制深度在6煤底板以下30m范围内。

3.1.3.2 地质构造

从目前采坑揭露及勘察结果来看，东帮除F25断层与其斜交之外，还未发现有断层等其他地质构造发育，F25断层无论产状组合关系还是断层，均对东帮的稳定性影响不大，本区构造条件相对简单。

3.1.3.3 地下水

(1) 第四系水部分被疏干井疏干，但仍有少量水流入矿坑。由bk009孔抽水实验得知，目前单位涌水量0.0823L/(s · m)，渗透系数0.15m/d。

(2) 砾岩段裂隙和孔隙承压含水岩组主要分布于F25断层以南，以灰绿色、灰褐色、灰色泥砾岩为主，单位涌水量0.25L/(s · m)，渗透系数0.87m/d，属中等富水含水层。

(3) 6煤层裂隙承压含水岩组以6煤层为主，全区发育，由以往地质资料，单位涌水量1.51×10^{-4} L/(s · m)，渗透系数3.1×10^{-4} m/d，属富水性弱~极弱含水层。

3.1.3.4 软弱层

东帮软弱层广泛分布于风化带深度范围以内及煤层的顶底板。弱层岩性以泥岩、炭质泥岩或砂岩为主，弱层抗剪强度，黏聚力8~19kPa，内摩擦角6°~20°。

3.1.3.5 岩体结构类型

非工作帮边坡6煤层底板以上岩石抗压强度在6~15MPa的中硬岩只占岩石比例的5.15%（不包括煤层），平均厚度为7.51m，大多数岩层为软岩，其岩体类型应属于松散~半坚硬岩体。根据本区岩性结构面的特点划分勘察区的岩体类型见表3-2。

表3-2 非工作帮边坡岩体类型

岩体类型		组 成	岩性描述	稳定性
松散岩体	第四系松散细砂层及粉质黏土层	上部细砂，下部为粉质黏土，平均厚度18.70m	细砂层松散，受地下水作用易流动，是矿坑充水的直接含水层； 粉质黏土层层状结构，天然含水率21.10%，抗剪强度φ值19.2°，C值0.078MPa，强度较低	不稳定

续表 3-2

岩体类型		组 成	岩性描述	稳定性
松散岩体	棕红色砂砾段	棕红色砂砾石层，平均7.18m	泥质胶结，物理力学性质指标为：含水率25.35%，抗剪强度 φ 值15.13°，C 值0.117MPa，强度低	不稳定
层状裂隙岩体	碎裂结构岩体	上部强风化带岩层呈黏土状； 下部弱风化带裂隙发育； 深度75.8m	岩体风化破碎，泥岩软、砂岩疏松，煤层节理裂隙比较发育，破碎，透水性较好，含水率31.6%，沿风化带深度形成广泛的软弱层，强度低	不稳定
	层状块裂岩段	由泥岩、砂岩及煤层组成，其中泥岩占70%	凝灰质胶结，较疏松，岩层对比不稳定，强度低，两个煤组均为承压含水层，影响岩体的稳定	不稳定

3.1.3.6 工程地质条件评价

（1）本区煤系地层的上覆第四系、第三系厚度约为25.8m，地层走向为北东向，倾角为5°~7°。

（2）边坡岩体主要由煤系地层的砂泥岩、第三系黏土和第四系砂层组成。岩体强度低，属于软岩边坡。

（3）风化带地层均属较软弱地层，主要分布在煤系地层强风化带深度以内。

（4）区内有第四系孔隙潜水含水层，煤系地层有两个层间承压含水层，对边坡稳定有一定影响。

各项数据表明首采区东帮地质条件较差。

3.1.4 北端帮工程地质条件评价

3.1.4.1 岩性组合及物理力学性质

北端帮岩层由第四系松散层及煤岩地层组成。第四系中、细砂坡顶全区分布，厚度10.1~18.5m，平均16.7m，局部夹有粉质黏土、砂砾薄层；煤系地层全区分布，控制深度在6煤底板以下30m范围内。

3.1.4.2 地质构造

在采坑形成一定规模后揭露并通过本次勘察期间的地质调绘工作查明，北端帮及其附近区域以小规模断层为主的地质构造比较发育，主要有3组断层：

（1）北东向断层（F2、F3）。F2、F3断层出露在北端帮以南采坑北区西侧一工作面上，均为正断层，两条断层平行分布，间距36m，断层走向N50°~70°E，倾向SE，倾角65°~75°，地层断距0.2~1.5m。

（2）南北向断层（F10）。F10断层位于现在采坑的西北部，两端分别在北端帮和西工作帮出露，走向N0~10°E，近乎南北向，倾向SE，倾角45°~50°，F10断层该区沉积岩相形成过程的一条逆冲断层，其西侧为灰-深灰色泥砾岩，泥质胶结，一般成岩较差，东侧为深灰-灰黑色泥岩、粉砂岩。

（3）北北西向断层（F4~F9）。该组断层分布在采区北部，在北端帮坡面明显出露，由西至东依次分布，形成一组阶梯式正断层，间距15~50m，走向N10°~20°W，倾向NE，倾角70°~85°，地层断距0.2~1.2m。

3.1.4.3 地下水

四个含水层在北端帮地层中均有存在，从全区来看，地下水径流方向由南向北，由于南部采坑的截流及本区第四系厚度变薄，所以第四系孔隙潜水含水层水量较小，对边坡的影响不大。

（1）砾岩段裂隙、孔隙承压含水岩组主要分布于F10断层以西，以灰绿色、灰褐色、灰色细砾岩为主，本层厚度变化大，单位涌水量0.25L/(s·m)，渗透系数0.87m/d，属中等富水含水层。

（2）5煤层裂隙承压含水岩组岩性以5煤层为主，其间夹有薄层泥岩、炭质泥岩，平均厚度37.34m，全区发育，单位涌水量0.0832L/(s·m)，渗透系数0.15m/d，含水层为中等富水性。

（3）6煤层裂隙承压含水岩组以6煤层为主，全区发育，单位涌

水量 1.51×10^{-4}L/(s·m)，渗透系数 3.1×10^{-4}m/d，属富水性弱～极弱含水层。

3.1.4.4 软弱层

北端帮软弱层广泛分布于风化带深度范围内以及煤层的顶、底板。弱层岩性以泥岩、炭质泥岩或砂岩为主，弱层抗剪强度，黏聚力8～19kPa，内摩擦角6°～20°。

3.1.4.5 岩体结构类型

根据本区岩性结构面的特点划分勘察区的岩体类型见表3-3。

表3-3 北端帮边坡岩体类型

岩体类型		组成	岩性描述	稳定性
松散岩体	第四系松散地层	上部细砂，下部为砂砾层，平均厚度13.32m	细砂层松散，受地下水作用易流动，是矿坑充水的直接含水层，砂砾层透水性好，直接与白垩系泥岩接触	不稳定
层状裂隙岩体	碎裂结构岩体	上部强风化带岩层呈黏土状；下部弱风化带裂隙发育；深度52.8m	F10断层以西岩性以泥砾岩为主，灰绿-灰白色，泥质胶结，未固结～半固结成岩，较松散；F10断层以东岩性为灰黑～灰色的泥岩、粉砂岩互层，泥岩软、砂岩疏松，煤层节理裂隙发育，破碎，强度低；该段沿风化带深度形成广泛的软弱层及软弱结构面，影响岩体的稳定	不稳定
	层状块裂岩段	由泥岩、砂岩及煤层组成，其中泥岩占56%	凝灰质胶结，较疏松，岩层对比不稳定，强度低，两个煤组均为承压含水层，影响岩体的稳定	不稳定

北端帮6煤层底板以上岩石抗压强度在6～15MPa的中硬岩只占岩石比例的4.23%（不包括煤层），平均厚度为6.75m，大多数岩层为软岩，其岩体类型应属于松散～半坚硬岩体，稳定性较差。

3.1.4.6 工程地质条件评价

（1）本区煤系地层的上覆第四系厚度13.32m，地质构造以断层为主，比较发育，地层走向为北西向，倾角为5°~7°。

（2）风化带地层均属较软弱地层，主要分布在煤系地层中。在煤系地层水的作用下，泥岩软化呈泥团状，强度极低。

（3）区内有第四系孔隙潜水含水层，煤系地层有两个层间承压含水层，对边坡稳定有一定影响。

各项数据表明北端帮地质条件很差。

3.1.5 露天煤矿边坡工程地质稳定性分区

针对研究区，利用已有资料，初步以岩性特征、构造发育程度和地下水特征为指标，结合工程重要程度，定性地将研究区划分为滑坡区、潜在滑坡区、相对稳定区和重要工程区四大区，如图3-5所示。

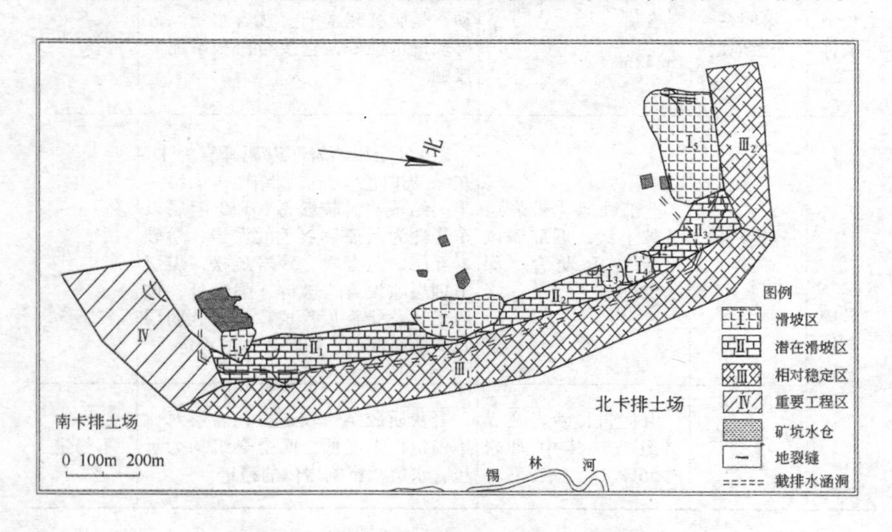

图3-5 研究区工程地质稳定性分区图

3.1.5.1 滑坡区（Ⅰ）

滑坡区指目前已经发生滑坡，需要治理才可以保证边坡稳定的区域。自2005年以来，一号露天煤矿采场东部非工作帮、北部端帮、南部出入沟道路已多次发生不同规模的滑落、坍塌，其中规模较大、对生产产生影响的滑坡有5处，分别为非工作帮DH1、DH2、DH3、DH4和北端帮BH1。这些滑坡给生产组织造成极大影响，并不同程度地破坏了地面疏干管路及部分供电设施。滑坡平面分布见图3-6和图3-7。

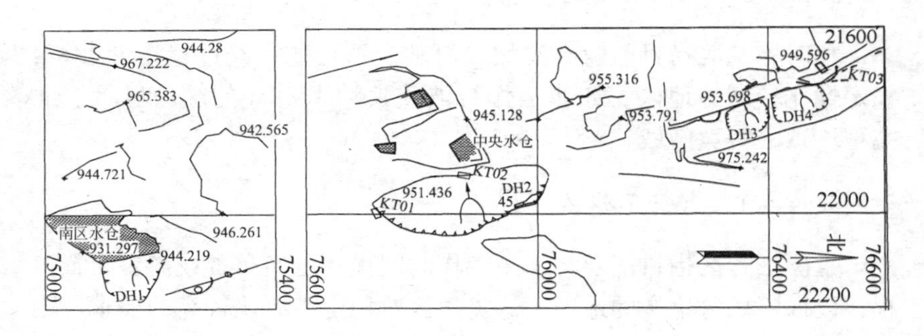

图3-6 非工作帮滑坡平面分布图

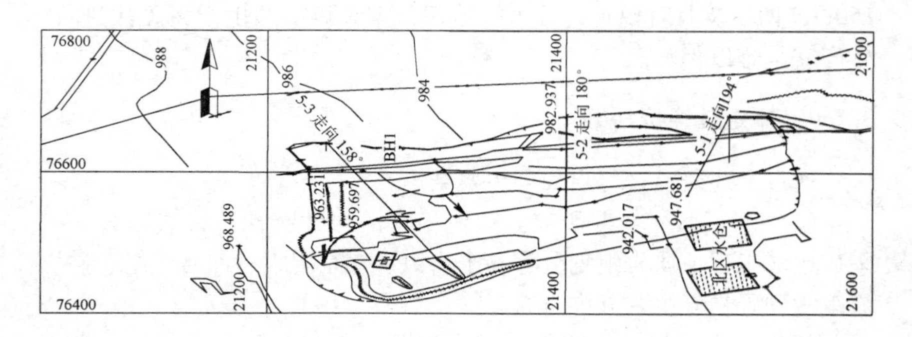

图3-7 北端帮滑坡平面分布图

3.1.5.2 潜在滑坡区（Ⅱ）

潜在滑坡区指分布于滑坡区附近，经过边坡稳定性分析，处于临界状态，或已经有裂缝等变形形迹，有滑坡可能的地区。如DH1滑坡与DH2滑坡之间的Ⅱ1区、DH2滑坡与DH3滑坡之间的Ⅱ2区、

DH4 滑坡与 BH1 滑坡之间的边坡区域Ⅱ3。

潜在滑坡区与就近的滑坡区具有相同的地层岩性和影响因素。如果不采取相应的控制措施很有可能形成具有威胁的滑坡。

对非工作帮潜滑区应及时采取必要的疏水措施，进一步加强疏水效果，弱化水对边坡的影响，提高边坡的稳定性。

3.1.5.3 相对稳定区（Ⅲ）

相对稳定区指目前没有滑坡及滑坡变形形迹，经过稳定性分析，稳定性比较高的地区。如非工作帮坡顶长约 1.8km 的缓坡区域、北端帮坡顶的缓坡区域。

3.1.5.4 重要工程区（Ⅳ）

重要工程区指目前及将来的工作时间里，已经布置或需要布置工程，以保障矿区生产的地区。这类地区对稳定性有比较高的要求。稳定性需要保障到 6 煤开采完，而且规划有重要地面生产设施，主要指南端帮边坡及坡顶缓坡区域。开采 6 煤层时，边坡最大高度将增加到 150m，如不及时对现有边坡进行治理，露天煤矿的生产将无法进行，生产安全难以保障。

3.1.6 稳定性评价结果

通过上述研究，得出如下主要结论：

（1）为了系统掌握研究区边坡稳定的岩性特征，将该露天煤矿采矿边坡工程地质岩组划分为黏土岩组、煤系岩组、泥岩岩组、砂岩岩组和砂砾岩岩组共五类岩组。

（2）根据现场勘探资料、室内试验数据，并综合考虑边坡工程施工特性等因素，采用 RMR 法和 BQ 法分别对矿区边坡的工程岩体进行了质量分级和评判，确定了矿区各层岩体的强度范围；然后在对矿区不同层位岩石所做大量实验基础上，利用三种不同的岩体强度折减法分别计算了矿区岩体强度，并用信息熵赋权法综合确定了边坡工程岩体的力学参数和变形指标，为分析和评价矿山边坡工程的强度及变形稳定性提供了基础数据。

(3) 针对该露天煤矿的北端帮边坡、非工作帮边坡和南端帮边坡工程地质条件及岩性特点，进行了边坡稳定性的工程地质分析，对矿山边坡工程的稳定状况进行了评价。

(4) 利用已有资料，初步以岩性特征、构造发育程度和地下水特征为指标，结合工程重要程度，在边坡工程地质条件及岩性分析的基础上，将研究区划分为滑坡区、潜在滑坡区、相对稳定区和重要工程区四大区，为后续研究工作打下了基础。

3.2 露天煤矿边坡滑坡灾变分析

3.2.1 露天煤矿滑坡影响因素分析

滑坡机理是一定地质结构条件下的斜坡，在各种因素作用下从稳定状态变化到失稳滑动，再达到新的稳定状态或永久状态（死亡）整个过程动态变化的物理力学本质和规律。王恭先等人将滑坡的成因归结为形成条件和诱发因素两个方面。形成条件是指先期存在于斜坡体内相对稳定的不会有急剧变化的斜坡体固有的地质特征，包括地层岩性、地质构造、地貌特征和水文地质条件等。诱发因素是指施加于斜坡体的相对不稳定的可能发生急剧变化的非斜坡体固有的自然或人为因素，例如大气降雨、河岸冲刷、库水位升降、地震等自然因素，以及开挖坡脚、坡顶加载、采空塌陷、工农业及生活用水渗透、破坏植被、爆破作业等人为因素（见表3-4）。滑坡的形成必经历一定过程，滑坡机理则研究此过程中动态变化的物理力学本质和规律性，因此滑坡机理和滑坡成因是相互联系的。由于形成条件和诱发因素的多样性，滑坡机理也具有多样性和复杂性。

表3-4 露天煤矿滑坡影响因素

	形成条件(内在因素)	诱发因素(外在因素)
滑坡形成原因	(1) 地貌特征 (2) 地层岩性 (3) 地质构造 (4) 地下水分布	(1) 水的作用：1) 地表水；2) 锡林河水；3) 降水（融雪） (2) 人为作用：1) 爆破作业和机械振动；2) 开挖坡脚或坡顶加载 (3) 地震作用 (4) 土冻结（融化）作用

3.2.1.1 水对滑坡的影响

水对滑坡的影响作用主要有物理作用、化学作用和力学作用。水的物理、化学作用改变了滑坡体的结构，从而改变该滑坡体的 C 值与 φ 值；水的力学作用（静水压力和动水压力）减小抗滑力，降低滑坡体和滑面的强度，易产生滑坡。水对滑坡的影响作用表现在以下几个方面：

（1）软化作用：第四系水软化与其不整合接触的泥砾岩强度，形成软弱层，促使滑坡的形成。

（2）冻结作用：水冻结后产生膨胀作用，边坡表面冻结，像堤坝一样迫使地下水面不断上升，水压不断增高，降低了边坡稳定性。

（3）失水作用：具有较强膨胀性的岩土体由于在表部常常会出现收缩缝，造成地表水渗入坡体内，对边坡稳定造成不利影响。露天煤矿煤层中的夹矸以及泥岩中蒙脱石、高岭土、伊利石含量较高，这些岩石成分亲水性强，水稳定性差，遇水膨胀。

（4）潜蚀作用：当动水压力较大时，岩石颗粒和岩体的可溶解成分会被地下水流带走，使岩体内聚力和摩擦力减小而失去平衡进而产生滑坡。

（5）静水压力作用：水的静水压力减小滑坡体的有效正应力，从而降低滑坡体的抗剪强度，在滑动面中的孔隙静水压力可使滑动面产生扩容变形。

（6）动水压力作用：地下水在松散砂层及砾岩中流动时，施加于所流经的岩石颗粒上的压力称为动水压力，亦称为渗透压力，动水压力对滑坡体产生切向的推力，从而降低滑坡体的抗剪强度，推动岩体向下滑动。

3.2.1.2 水对露天煤矿边坡的不利影响因素

水对露天边坡的不利作用包括地表水下渗、地下水水位上升、降水（融雪）下渗、地下水径流等。

A 地表水作用

地表水的作用主要表现在对坡面的冲刷，对坡脚浸湿和冲刷。地表水一方面渗入坡体中软化土层，降低土层强度，引起土体重量增加；另一方面渗入节理、裂隙贯通地下水，致使地下水位局部抬升，增加坡体的动水压力，促进冲沟、陷穴、落水洞的发展等，不利于边坡稳定。

B 地下水作用

地下水常分布在松散土层和下伏岩层中。天然状态，地下水路畅通，有其稳定的排泄条件，对边坡稳定性影响不大，但当局部条件发生变化时，地下水位、流量、流向等亦随之变化，对边坡稳定性将产生不利影响。地下水在促使滑坡发生方面表现为：

(1) 浸润坡体内软弱结构面，使其抗剪强度显著降低；

(2) 富集于隔水层顶部，对下覆岩土体产生浮托力，降低抗滑力；

(3) 溶解土体中易溶物质，改变土、石成分，降低其结构强度；

(4) 赋存于坡体节理、裂隙及隔水层处，产生静、动水压力，增大下滑力。

C 降水作用

露天矿区属半干旱草原气候，年平均降水量294.74mm，蒸发量是降雨量的6倍，正常降雨对边坡稳定性影响不大。6~8月为雨季，占全年降水量的71%，这种降雨的集中性对边坡稳定却是很不利的。因此本矿区大气降水主要指暴雨和长历时降雨这种异常降水情况。降水对边坡稳定性造成如下影响：

(1) 降水沿节理、裂缝下渗，或充填裂缝，增加坡体内的静、动水压力；

(2) 降水渗至隔水层富集，产生浮托力；

(3) 降水停留在土体孔隙中，形成孔隙水压力；

（4）软化斜坡土体，降低土体强度；

（5）降水使坡体含水量升高，导致坡体自重增加，增大滑坡下滑分力。

3.2.1.3 地震作用

地震达到一定烈度后会造成滑坡灾害，随着地震烈度的增高越发明显。地震作用对边坡的破坏影响主要表现在：

（1）直接破坏岩土结构，降低岩土体内颗粒之间的固有联结力；

（2）引起坡体中粉细砂层、饱和松散土层液化，发生流动；

（3）增加坡体下滑动力。

3.2.1.4 人为作用

人为作用主要包括爆破、机械振动、切坡和加载等。

（1）爆破、机械振动与地震作用类同。

（2）切坡与加载：煤矿开采过程中开挖切坡与运输加载，致使斜坡产生变形破坏，乃至失稳滑动。切坡与加载对边坡稳定性的影响表现在：

1）前缘切坡削弱阻滑力：切坡改变了边坡固有的自然状态，减少了保持坡体稳定的抗滑段。斜坡前部失稳破坏，坡体应力在坡脚处集中，斜坡后部在卸荷作用下产生拉张裂缝，致使坡体分级或整体滑动。

2）后缘加载增大滑动力：加载同样可以改变坡体应力状态，使斜坡坡体下滑力增加，促使斜坡失稳滑动。

3.2.1.5 土冻结（融化）作用

对稳定的边坡来说，地表土层的冻结和融化几乎不造成边坡稳定的不利影响。但对于不稳定的边坡（具有软弱滑带的边坡），即滑坡，地表土层的冻结和融化对滑坡稳定极其不利，主要表现在三个方面：

（1）表层冻土阻止雪及表层水的寒季下渗似乎对坡体稳定有利，但边坡表面常不平顺，融化期坡面集雪（水）不能顺畅排出而形成集中下渗，对坡体稳定不利。

（2）斜坡表面，地下水出口（或滑坡出口）处的冻土，因具有很差的渗透性，似挡墙，阻止坡体内地下水排出，造成坡体内地下水位升高，产生不利于坡体稳定的静水压力。

（3）暖季，表层冻土融化，冻结期坡体内部集水均将从滑坡出口处排出，产生的动水压力和出口处土体饱水软化作用，都对滑坡稳定极为不利。

3.2.2 露天煤矿边坡滑坡类型

滑坡是斜坡岩土体的滑动行为，滑坡形成于不同的地质环境，并表现出各种不同的形式和特征。滑坡分类的目的就在于对滑坡作用的各种表象特征，以及促使其产生的各种因素进行组合概括，以便扼要地反映滑坡作用的内外在规律。科学的滑坡分类不仅能深化对滑坡的认识，而且能指导其勘察、评价、预测和防治工作。多年来已有很多种滑坡分类问世，可见分类问题的重要性和复杂性。尽管国际工程地质协会曾对分类原则和统一分类方案进行过专门性讨论，但由于这些分类方案各有其特点，故仍各自沿用至今。在实际应用中要把握滑坡各种要素，针对不同的应用目的，遴选能表征其活动特点的主要因素。

研究滑坡必须回答的三大基本问题就是：什么样的岩土体在滑动？什么原因使它产生滑动？它在怎样滑动？任何表征滑坡的完整概念都必须包括滑体特征、形成原因及其活动情况这三方面的内容。因此，首先根据滑体特征分类，然后通过分类再深入分析其变形动力成因和变形活动特征。滑坡按滑体特征分类包括滑体岩性组成和结构特征。

类型研究是一切事物研究的起点，它从基本特征方面直观地反映了研究对象的属性，同时可以指导灾害防治方案的制订，如崩塌灾害不能用治理滑坡灾害的抗滑挡墙措施，应设防崩墙（场地许可时）。因此，进行类型研究十分重要。通过现场调查分析滑体特征和滑体组构，考虑滑体岩性、形态等因素，该露天煤矿滑坡主要分为以下 3 种滑坡类型：

（1）松散层滑坡。由于矿区巨厚的剥离层土性差异，存在软弱夹层，边坡开挖，应力重新分布；同时在地下水作用下而造成的依附软弱夹层的边坡整体滑动。滑体基本为第四系松散覆盖层，以灰白、浅黄色粉砂细砂为主，底部夹薄层黏土或砂砾层。滑面为第四系底界面，近似圆弧形滑面。主要表现为岩体沿层间软弱夹层发生整体性滑移破坏，该露天煤矿的 DH1 滑坡属此类滑坡，如图 3-8 所示。

图 3-8 DH1 松散层滑坡（2006. 9）

（2）基岩接触面滑坡。由于矿区基岩系白垩系砂泥岩互层，具有隔水性质，基岩顶面富水，软化岩土体，降低抗剪强度，依附基岩顶面产生滑动。该露天煤矿的 DH2、DH3、DH4、BH1 滑坡属此种类型，如图 3-9 所示。

（3）顺层基岩滑坡。随着矿区开采深度的增加，边坡高度加大，自重应力增大，而产生依附基岩内软弱夹层的滑动。目前未见此类滑坡，但随着边坡高度的增加，有可能出现此类滑坡。

图 3-9 BH1 基岩接触面滑坡（2006.9）

3.2.3 露天煤矿滑坡机理分析

3.2.3.1 东部非工作帮南区滑坡（DH1）

A 东部非工作帮南区滑坡（DH1）影响因素分析

该滑坡位于非工作帮南端，滑坡后壁为矿坑东南斜坡通道边缘，呈圆弧状。滑体岩性上部为第四系黄褐色、灰白色的细砂、砂砾层，厚3.5~6.0m，下部由强风化的灰色砾岩、砂岩组成，厚度23.2~27m。滑坡形成主要因素为：

（1）水的作用。第四系水对岩体的软化、渗流、潜蚀、冻结以及水压力作用大大地降低了边坡的稳定性。

（2）岩性条件。上部为厚约10m的古排土场，松散，强度低；中间为砂土层，主要由中、细砂组成，级配较差，湿饱和；下部为泥岩、泥质砾岩，与砂层界面受第四系水作用，强度很低。

(3) 采坑的开挖为边坡的变形破坏提供了临空面。在重力作用下坡体发生蠕动变形，后缘发育大量的圆弧状拉张裂缝，地表水的渗入降低了岩（土）体的强度，为滑动面的形成创造了条件。

(4) 工程载荷。露天煤矿的主运输道路位于坡体上，卡车载重大，速度快，静载荷和动载荷相互叠加，对坡体的稳定性影响很大。

B 滑坡机理分析

上部第四系松散体在水（地表水下渗、锡林河渗流、坡脚水仓毛细水上升）的作用下后缘错落，先是沿第四系底界面向前滑移，中部和前缘在主滑段推力作用下，从坡脚强风化泥砾岩处剪出破坏（见图 3-10）。

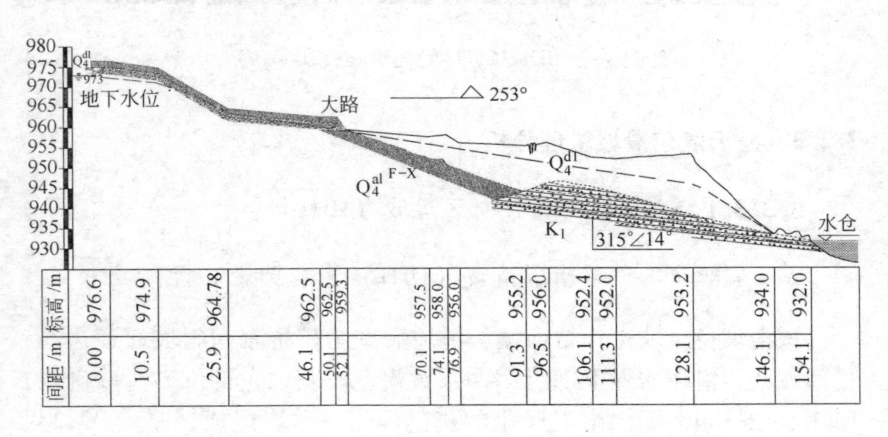

图 3-10 DH1 滑坡工程地质剖面图

3.2.3.2 东部非工作帮中区（DH2）和北区滑坡（DH3、DH4）

滑体基本为第四系松散覆盖层，以灰白、浅黄色粉砂、细砂为主，底部夹薄层黏土或砂砾层。

A 滑坡形成主要因素

（1）水的作用。第四系中等富水，水对岩体的软化、渗流、潜蚀、冻结以及水压力作用大大地降低了边坡的稳定性。

（2）岩性条件。该滑坡所处的地层上部由第四系砂层和白垩系泥岩组成。砂层覆盖较厚，由细砂和粉砂组成，含泥质稍多，级配较差，天然休止角度在25°~30°之间；白垩系泥岩含较多砂砾，强度较低。第四系水向坑内渗流，降低了不整合面泥岩的强度，抗滑力降低，使得边坡失稳滑动。

（3）采坑的开挖为边坡的变形破坏提供了临空面。

（4）工程载荷。运输加载，致使斜坡产生变形破坏。

B 滑坡机理分析

主要受岩性组合和水（降水入渗、锡林河渗流）的影响。第四系中等富水，采坑坡顶疏干井未完全疏干，使得大量的第四系水向坑内渗流，降低了不整合面泥岩的强度，抗滑力降低。在第四系水的软化作用和渗流作用下，边坡沿第四系砂层与白垩系泥岩沉积界面发生滑动，使得边坡失稳滑动（见图3-11、图3-12），破坏前缘运输便

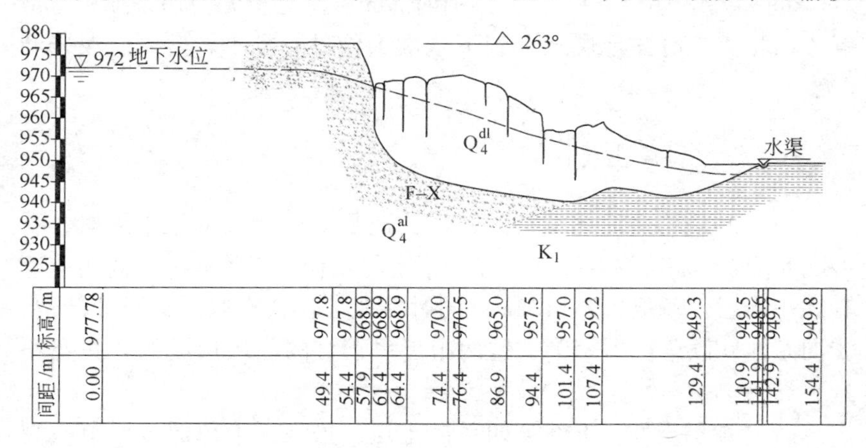

图3-11 DH2滑坡工程地质剖面图

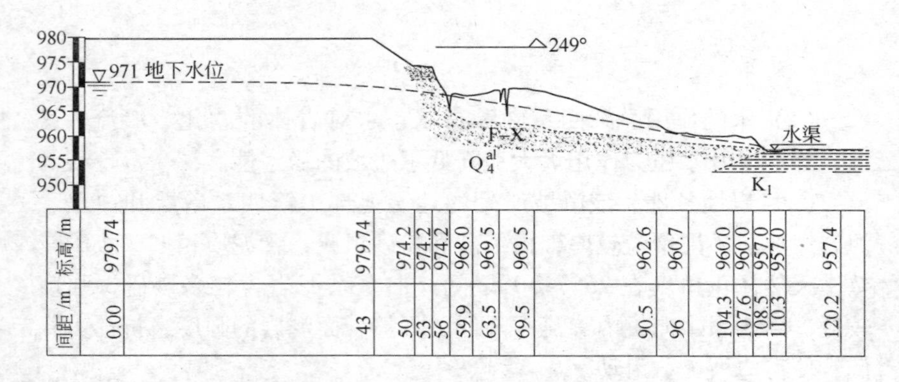

标高/m	979.74	979.74	974.2	974.2	974.2	968.0	969.5	969.5	962.6	960.7	960.0	960.0	957.0	957.0	957.4
间距/m	0.00	43	50	53	56	59.9	63.5	69.5	90.5	96	104.3	107.6	108.5	110.3	120.2

图 3-12　DH3 滑坡工程地质剖面图

道。此类滑坡的演化模式是：切坡使坡脚应力重新分配，边坡首先沿白垩系泥岩沉积界面发生滑动导致坡顶拉裂，坡内剪切面逐步形成，在诱发因素（暴雨、长历时降雨等）作用下，滑动面贯通而剧滑致灾。

3.2.3.3　北端帮滑坡（BH1）

滑坡体在平面上近似呈矩形分布，滑坡后壁呈圈椅状，落差为 2～10m，坡角为 8°～47°。滑体中前部的东侧有多处剪切裂隙，与滑动方向相交。滑体地层从上到下依次为细砂、黏土、砂砾、泥岩和 5 煤。

A　滑坡形成主要因素

（1）地质构造。北端帮的地质构造是造成滑坡的根本因素，受“棋盘格局”地质构造控制（北端帮密集发育一组等间距的高角度阶梯式正断层，断距 0.2～1.2m；同时在西工作帮出露一组逆冲断层，走向东西，倾角 45°～50°；这两组近乎正交的断层形成的“棋盘格局”构造）。

（2）地层岩性。上部第四系砂土层，松散；中部泥岩层节理裂隙发育，强度较低；下部 5 煤层，节理、裂隙发育，质轻，易脆；煤层中发育了一薄层煤矸石，此煤矸石主要由炭质泥岩组成，在煤系承压水的软化作用下，强度极低，为北端帮滑坡的发生提供了软弱滑动面。

（3）工程载荷。北端帮顶部通道运输设备的振动影响，致使边坡失稳而导致滑坡形成。

（4）水的作用。地表水通过坡顶和坡体两侧发育的裂缝流入坡体内，使得裂纹发育处岩体强度急剧降低，为滑坡的发生提供了软弱滑动带。北端帮第四系底部砂砾石层大部分与下部白垩系泥砂岩直接接触，当有大气降水时，就会透过第四系渗入结构面，使其力学强度降低而形成滑面。

（5）采矿活动影响。采矿活动是北端帮滑坡的激发因素。随着开采的深入，边坡变高、变陡，边坡底部剪应力越来越大。采坑向深部开采为边坡变形破坏提供了临空面。

B　滑坡机理分析

在第四系水的触发和重力效应下，北端帮边坡沿岩体节理面和5煤层中的软弱夹层发生失稳（见图3-13）。边坡岩体在重力作用下向深部蠕动破坏，后缘沿着岩体的节理面密集发育直线-折线拉张裂缝，两侧发育多条斜交的剪切裂缝。

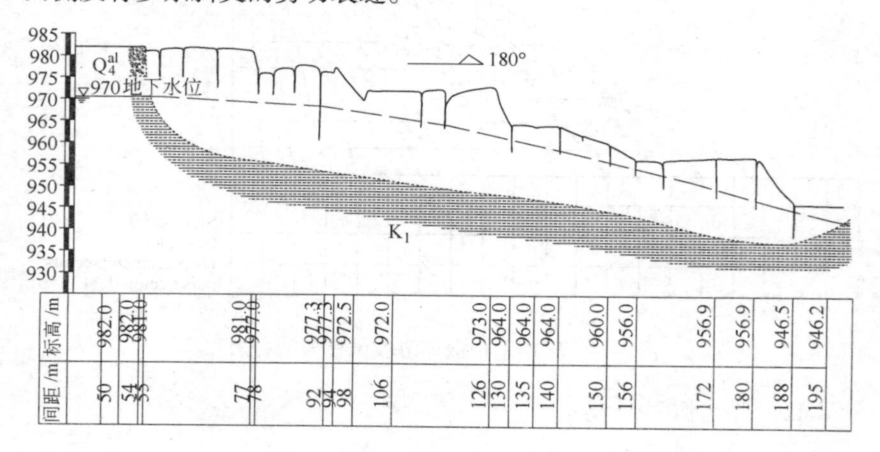

图3-13　BH1 滑坡工程地质剖面图

3.2.3.4 南端帮滑坡

南端帮地层走向为北西向，倾角为 0～14°，为缓倾角顺层边坡，这种组合关系不利边坡稳定；地质构造发育一般，F25 断层对南端帮影响不大；南端帮有第四系孔隙潜水含水层，煤系地层有两个层间承压含水层，对边坡稳定有影响的是第四系含水及泥砾、砂岩含水。目前，南端帮尚未出现边坡失稳地质现象。

3.2.4 露天煤矿滑坡灾变演化数值模拟分析

3.2.4.1 第四系松散体滑坡灾变演化分析

A 干燥条件边坡

由图 3-14～图 3-18 所示非线性大变形有限差分软件 FLAC 计算结果可知，第四系松散体边坡呈现为坐落式沉陷弧形破坏滑动，在滑动边坡顶部出现明显的拉张裂缝，待滑动面上锁固段临界值被剪断后，表现为沿坡脚剪出破坏形式。该类型边坡滑坡表现为上缘拉裂、中部锁固和下缘滑移剪出的三段式灾变演化模式。

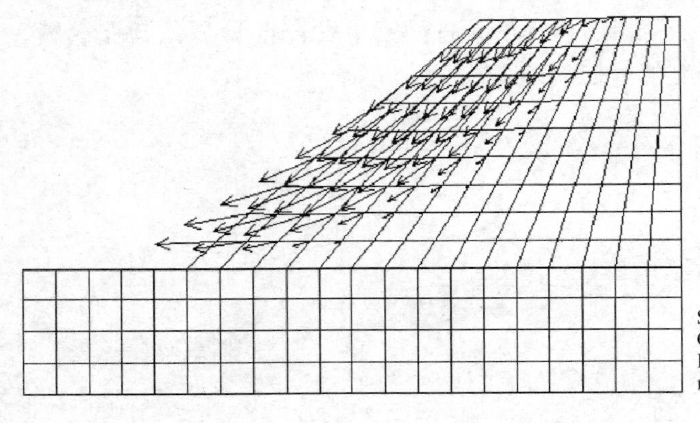

图 3-14 第四系松散体滑坡位移矢量场图

B 雨水作用边坡

在雨水入渗条件下，边坡的自由水面如图 3-19 所示，第四系松

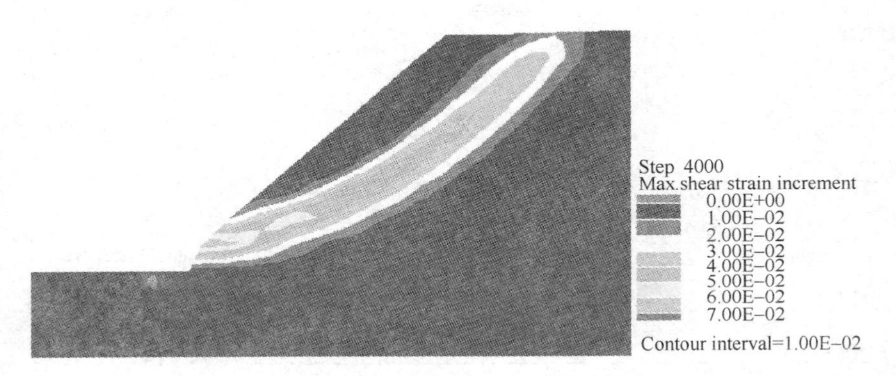

图 3-15 第四系松散体滑坡最大剪应变增长迹线图

图 3-16 第四系松散体滑坡水平位移场图

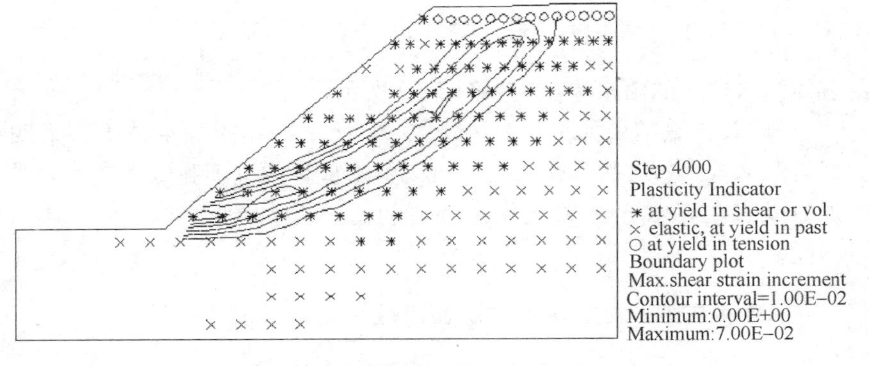

图 3-17 第四系松散体滑坡破坏场图

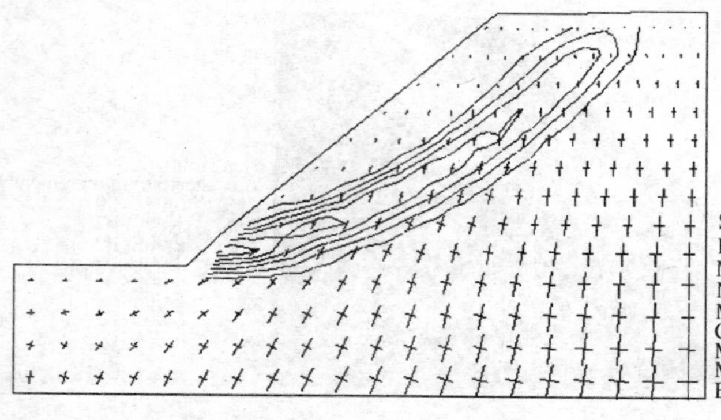

图 3-18 第四系松散体滑坡主应力场图

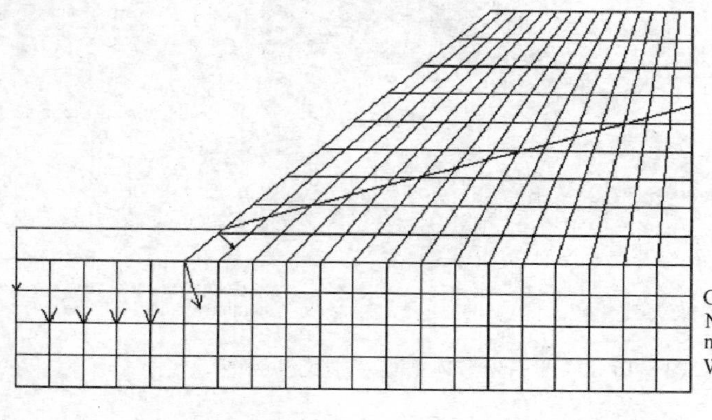

图 3-19 雨水入渗条件下边坡自由水面图

散体饱水边坡的雨水渗流场如图 3-20 所示。

FLAC 计算结果如图 3-21 和图 3-22 所示，在同等条件下，第四系松散体饱水边坡较干燥边坡，沉陷弧形破坏的范围和位移量大大增加，说明在雨水入渗软化作用下，将进一步加剧边坡滑动破坏的程度。

3.2.4.2 上软下硬沿接触面滑坡灾变演化分析

对露天煤矿边坡发生在基岩接触面、依附基岩顶面产生滑动破坏

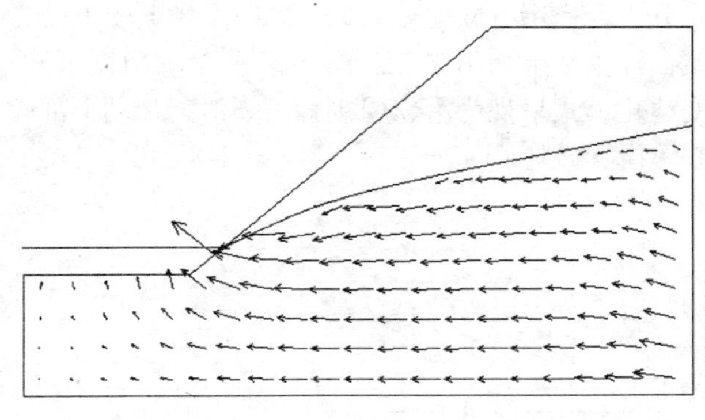

图 3-20 饱水边坡雨水渗流场图

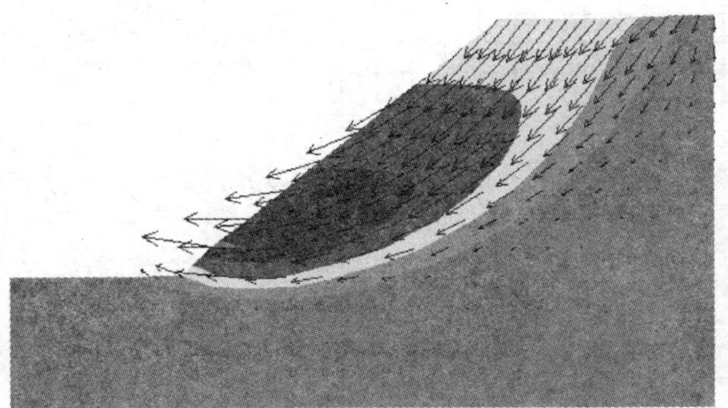

图 3-21 饱水边坡滑坡水平位移场图

图 3-22 饱水边坡滑坡最大剪应变增长迹线图

的地质模型进行概化分析，应用有限差分软件FLAC构建上软下硬含有接触面的边坡模型，计算结果如图3-23、图3-24所示。由图可知，该类型边坡滑坡灾变演化模式呈现为沿软弱接触面蠕滑、带动上部软体沉陷，而后导致整体滑移破坏。

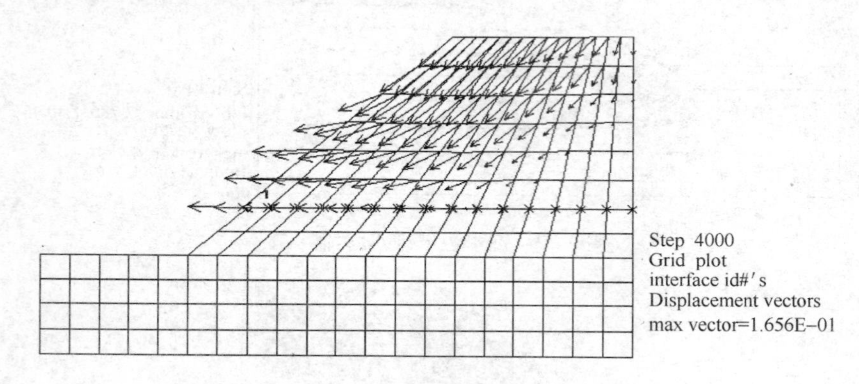

图3-23 上软下硬沿接触面滑坡位移矢量场图

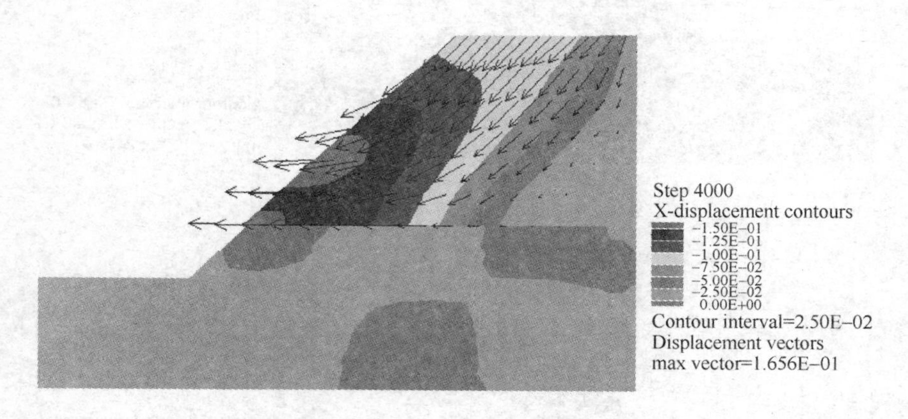

图3-24 上软下硬沿接触面滑坡水平位移场图

3.2.4.3 缓倾斜顺层边坡滑坡灾变演化分析

随着露天煤矿边坡工程不断向深部开挖，南端帮的缓倾斜顺层边坡将呈现不同的滑坡现象。本书应用离散元软件UDEC，构建了考虑竖向节理的缓倾斜顺层边坡计算模型。模型主要存在两组节理，一组基本为顺坡向倾角小于边坡角的节理；另一组走向基本平行于边坡开挖临空面的竖直节理。一般情况下，边坡高度不大，缓竖节理边坡也可以基本处于稳定状态。

在深开挖、工程扰动等条件下，深挖边坡沿竖向节理和缓倾节理面发生变形。在重力和不断增大的上部岩体下滑剩余推力作用下，缓倾节理面迅速贯通，边坡很快处于不稳定状态。该类边坡滑坡灾变演化过程可分为四个变形阶段：卸荷-蠕滑阶段、蠕滑-拉裂阶段、剪断-贯通阶段和整体下滑阶段。

A 卸荷-蠕滑阶段

随着边坡工程开挖，过坡脚软弱缓倾节理面出现剪切流变，岩体松弛变形，可观测到顺坡向下流变位移，位移最大部位处于边坡底部，流变方向倾斜向下，如图 3-25 所示。

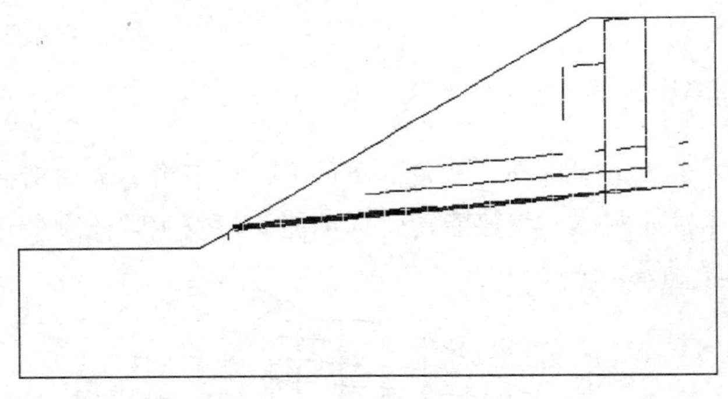

图 3-25 沿顺层软弱面剪切位移分布图

B 蠕滑-拉裂阶段

坡脚岩体在上部岩体下滑剩余推力作用下蠕滑，坡体中上部出现沿竖向节理的拉张裂缝，拉张裂缝不断增多加剧，如图 3-26 所示。

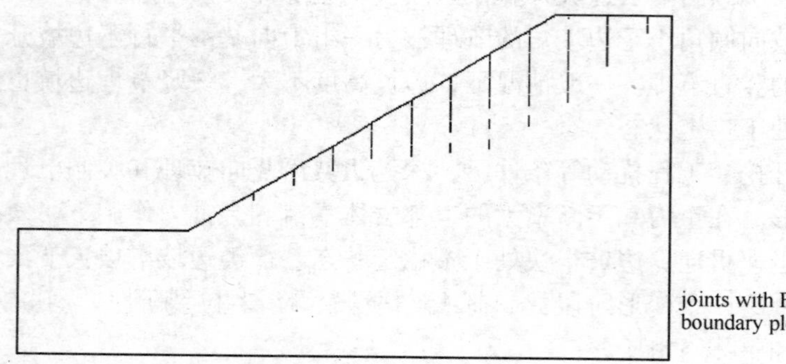

图 3-26　沿竖向节理面拉张裂缝分布图

C　剪断-贯通阶段

随着竖向拉张裂缝发展，缓倾节理被剪断、扩展贯通，形成滑面。

D　整体下滑阶段

在重力、雨水入渗或工程扰动力触发等条件下，当下滑力大于滑面抗剪强度时，坡体犹如刚体，将势能转化为动能，将发生整体顺节理向滑坡，如图 3-27 所示。

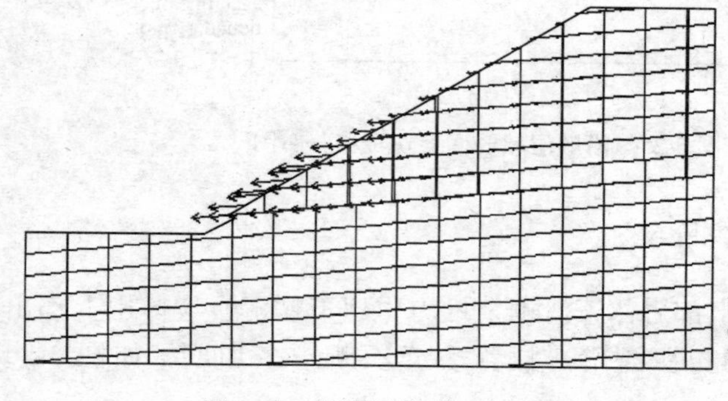

图 3-27　沿顺层软弱面滑移破坏位移矢量场图

3.2.4.4 小结

基于上述研究，在如下几方面进行了研究并取得了成果：

（1）通过对产生滑坡的各种诱发因素进行组合概括，系统分析滑坡的各种表象特征，将该露天煤矿滑坡灾害主要分为松散层滑坡、基岩接触面滑坡和顺层基岩滑坡三种类型。

（2）基于岩性组合关系、降水入渗条件和地质构造控制等，对东南帮滑坡（DH1）、非工作帮滑坡（DH2、DH3 和 DH4）与北端帮滑坡（BH1）的机理进行了工程地质分析，揭示了该露天煤矿滑坡灾变的内外作用规律。

（3）采用非线性大变形有限差分软件 FLAC，分别对概化的干燥条件和雨水入渗条件下的第四系松散体边坡，进行了滑坡灾变演化过程数值模拟分析，得出该类型边坡滑坡表现为上缘拉裂、中部锁固和下缘滑移剪出的三段式灾变演化模式；对上软下硬沿接触面滑坡进行数值分析得出，该类型边坡滑坡灾变演化模式呈现为沿软弱接触面蠕滑、带动上部软体沉陷，而后导致整体滑移破坏。

（4）应用离散元软件 UDEC，对南端帮缓倾斜顺层边坡进行了地质力学概化和数值模拟分析，得出该类边坡滑坡灾变演化过程可分为四个变形阶段：卸荷-蠕滑阶段、蠕滑-拉裂阶段、剪断-贯通阶段和整体下滑阶段。

3.3 露天煤矿滑坡防治工程对策及关键部位加固分析

3.3.1 露天煤矿滑坡防治原则

从分析露天煤矿滑坡及边坡问题的具体情况看，导致边坡稳定性下降乃至造成滑坡的主要因素是水、地层岩性、地质构造和机械振动等。为此提出该区滑坡的防治应贯彻“排挡结合，监控预报，保证生产，避免损失”的基本方针。即在受大气降水及锡林河影响的矿区非工作帮应加强地表、地下排水，设置总体地表排水沟、地下排水廊道（地下截排水涵洞），从而最大限度地降低水对边坡稳定的影响，提高边坡稳定性。在滑坡区及重要边坡区加强支挡工程，避免灾害损失。

滑坡控制设计的总体思路是：在东部非工作帮建立地表、地下排水系统，各个滑坡及重要边坡进行支挡加固，重要工程区削坡卸载，对边坡进行智能远程实时监测。具体方案为：

（1）疏排降水。目的是将滑坡体内及附近的地下水疏干，以便降低水压，提高岩体内摩擦角和内聚力。治理地表水的原则是：对于滑坡体以外的地表水，以拦截旁引为原则，对于滑坡体以内的地表水，则以防渗尽快排走为原则。治理地下水的原则是：采取排水措施，以降低地下水位，消除或减轻水对滑体的静水压力、托浮力和动水压力以及地下水对滑体的物理化学破坏作用。

（2）锚索加固。对单个滑坡、边坡进行锚索加强支挡，通过对锚索施加预应力，增大滑面上的正应力，使滑面附近的岩体形成压密带，增大滑面的抗剪强度。

（3）削坡卸载。对滑坡体上部削坡，从而减小接触面上的下滑力，增强边坡的稳定性。

3.3.2 预应力锚索加固机理及加固参数分析

针对露天煤矿出现的滑坡体，拟采取预应力锚索框架梁措施加固不稳定边坡，控制滑坡体的进一步演化变形，为安全生产提供保证。预应力锚索框架结构采用对预应力锚索施加的预应力将滑动岩体与稳定岩体紧密联结一体，形成一个由表及里的加固体系，进而达到防止整体边坡失稳的目的，是一种新型的抗滑结构。预应力锚索框架结构对岩土体的作用机理、影响范围、作用后的应力分布成为边坡加固设计不得不考虑和分析的问题。

3.3.2.1 单根预应力锚索张拉数值模拟试验

A 模型构建

预应力锚索和拉预应力按端头锚进行模拟。预应力锚固体系由外锚头、自由段和内锚固段组成，预应力一方面通过外锚头作用于岩体表面，另一方面通过锚索内锚固段与岩体之间的砂浆体黏结作用于岩体。

锚固体的计算模型选取 30m ×40m 的方块，锚索布置在模型的中心，如图 3-28 所示，锚索长度取 20m，内锚固段长度为 6m，外锚头混凝土垫墩的作用简化为岩体表面的分布力，内锚固段锚索采用锚单元模拟，自由段锚索简化为内锚段端部的集中力。

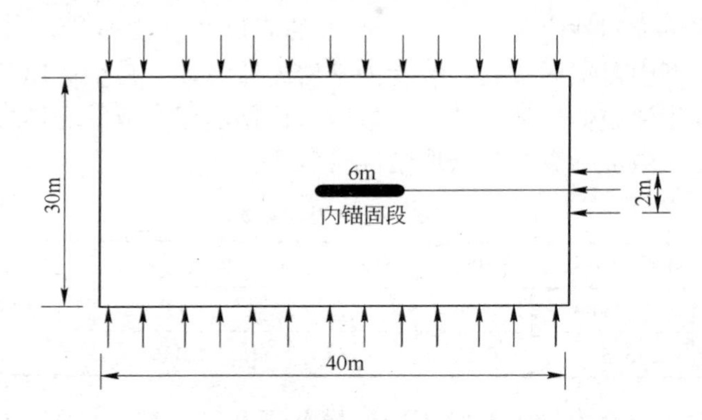

图 3-28 单锚计算模型示意图

计算边界：底部为法向约束，为模拟上覆岩体的自重，上表面作用有均匀分布的法向载荷。靠近外锚头的岩体表面为自由面，中部 2m 范围作用有水平的均布力，均布力的大小根据预应力锚索不同的张拉力来确定，与内锚固段相邻的岩体及左右两侧的岩体表面均采用法向约束。岩体采用 4 节点单元模拟，网格剖分如图 3-29 所示，由

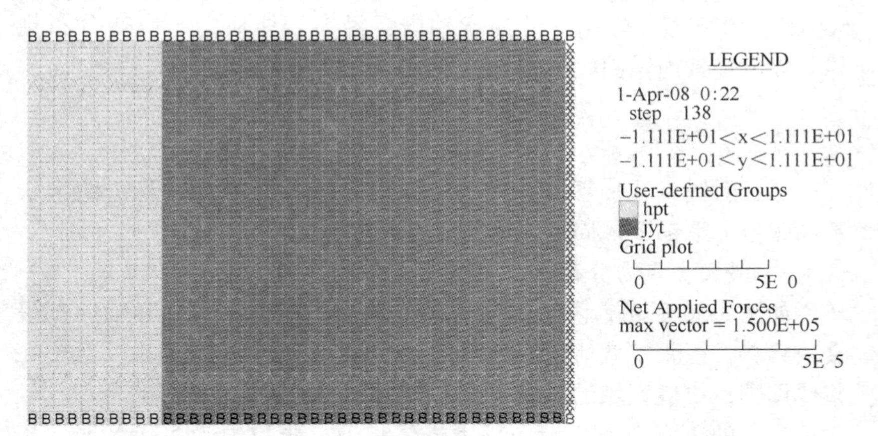

图 3-29 FLAC^{2D}计算模型及边界

锚索体向外呈放射状网格，密度逐渐变稀。

B 计算力学参数选取

岩体按弹塑性介质考虑，将边坡的岩层简化为基岩岩体和滑坡体，在模型中对锚固段岩层设置为基岩岩体参数，将锚头以及自由段岩体设置为滑坡体岩体参数，参数取值根据前述章节的岩体力学参数计算而得，数值计算参数选取情况见表 3-5。

表 3-5 岩体力学参数

岩 层	弹性模量/GPa	泊松比	摩擦角/(°)	黏聚力/kPa	抗拉强度/kPa
滑坡体	3.55	0.36	23	12	18.0
基岩体	5.62	0.32	34	28	31.2

锚索：弹性模量 $E = 190\text{GPa}$，横截面积 $A = 1.0 \times 10^{-3}\text{m}^2$，极限抗拉强度 $F_t = 3.5\text{MN}$；

界面：剪切模量 $G = 9\text{GPa}$，剪切刚度 $K_g = 9 \times 10^9\text{N/m}^2$，黏结强度 $G_g = 3.5 \times 10^6\text{N/m}^2$。

C 计算方案

分别按不同的预应力锚固，研究不同锚固力（T 分别取 300kN、500kN、1000kN）作用下沿锚索轴向、径向岩体应力、应变分布规律，以及锚索内锚固段的轴力、浆体界面上的剪应力分布。

D 计算结果

通过对锚索施加不同张拉力的作用后，图 3-30、图 3-31 给出了不同张拉力下锚固体周围岩体的应力分布情况。

a 最大主应力分布

如图 3-30 所示，灌浆体与岩体的最大主应力沿径向和轴向都呈衰减趋势。当张拉载荷较小时（$P = 300\text{kN}$），最大主应力主要集中在浆体周围，扩散区域的压应力值为 50kPa，随着张拉载荷的增加，最大主应力的压应力值逐渐向周围岩体扩散；张拉力为 500kN 时，扩散区域压应力值为 100kPa，扩散区域压应力增加的同时，注浆体周

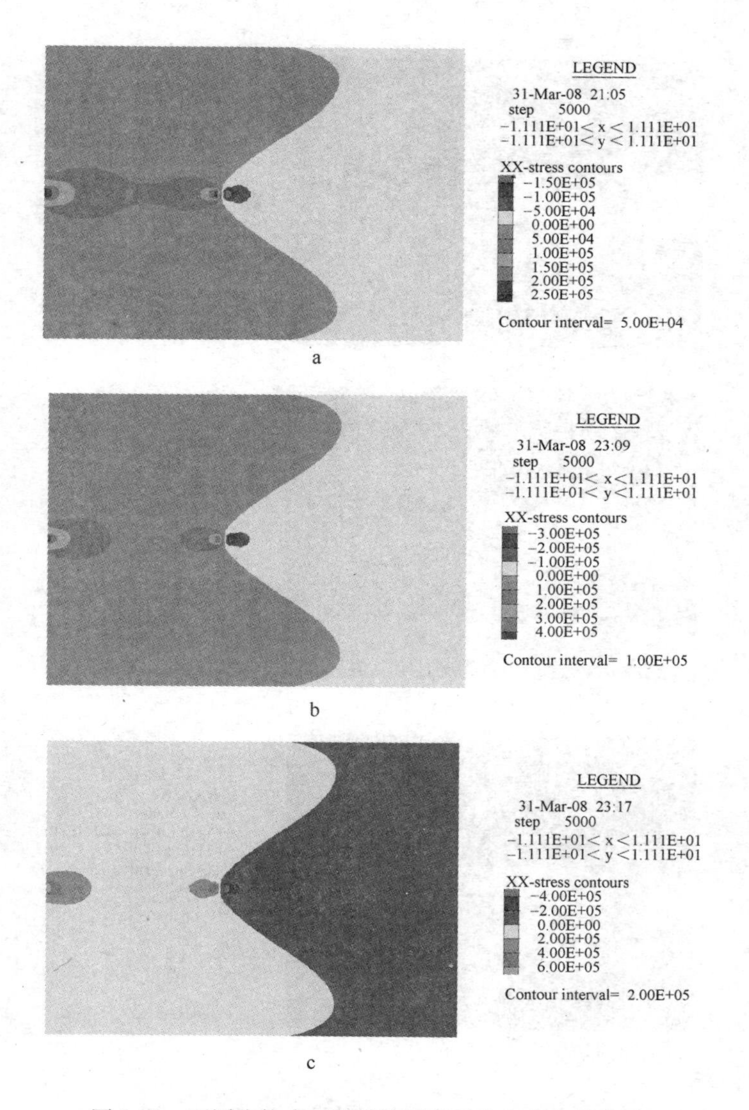

图 3-30 不同张拉力下锚固体围岩最大主应力分布图

a—张拉力 300kN；b—张拉力 500kN；c—张拉力 1000kN

围的压应力则逐渐向注浆体区域集中，形成高应力作用区；当张拉载荷由 300kN 增加到 1000kN 后，注浆体应力集中区域所形成的拉应力

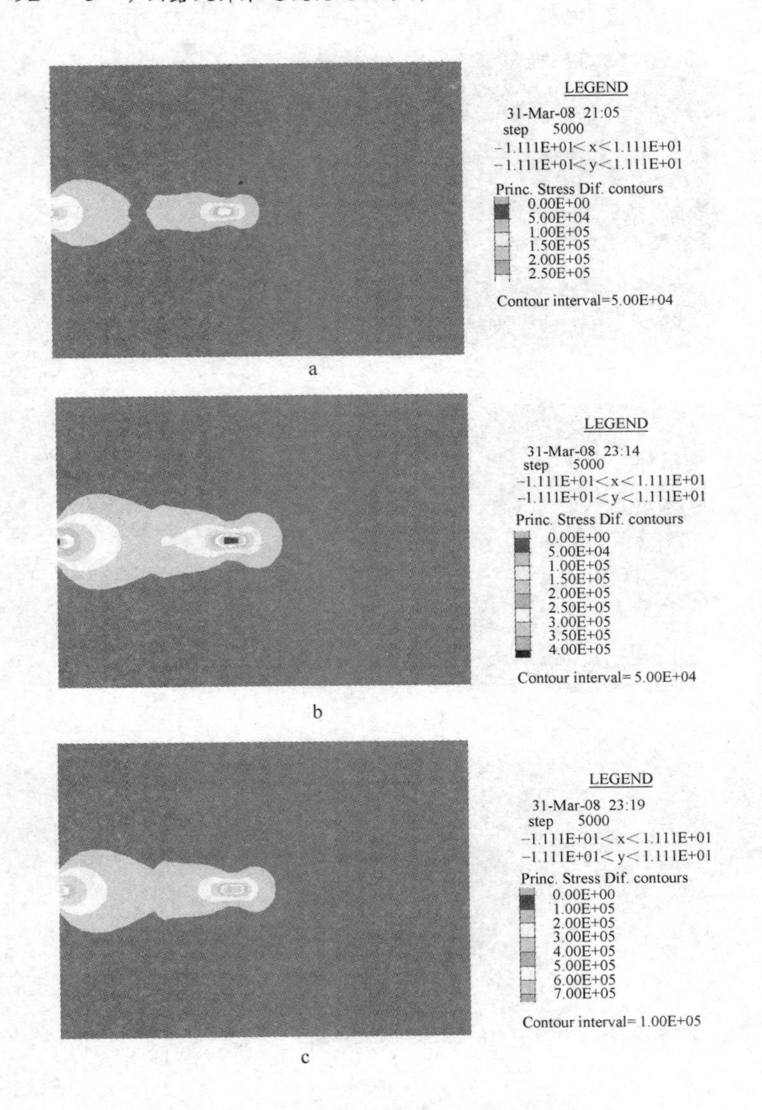

图 3-31 不同张拉力时的最大剪应力分布图

a—张拉力 300kN；b—张拉力 500kN；c—张拉力 1000kN

集中由 150kPa 增加到 400kPa，注浆体所受的压应力也比周围岩体大得多。从而验证了锚索破坏形式一般为主浆体先发生破坏，进而导致锚固体沿孔壁一起滑移抽出。因此，在锚固过程中提高浆体强度是保证加固质量的关键手段。

b　最大剪应力分布

根据摩尔库仑准则，最大主应力与最小主应力差值的一半即为最大剪应力值，所以最大主应力与最小主应力差值的分布即反映了最大剪应力的分布。图3-31给出了不同张拉力下锚固体与围岩的最大主应力与最小主应力的差值分布图。从图中可以看到，在张拉力的作用下，锚索与注浆体交界面、注浆体内部、注浆体与岩体交界面以及岩土体中产生剪应力，并且剪应力主要分布在锚索与注浆体的交界面以及注浆体中；最大剪应力出现在锚索与注浆体的交界面处，而周围岩土体的剪应力要小得多。

3.3.2.2　群锚效应及锚索间距布置原则

锚索布置的合理与否直接影响边坡加固的效果。如果锚索布置的过密，间距过小，势必增加锚索的数量，过多的锚索还会破坏岩体的整体性；如果锚索布置过稀，间距过大，将在锚索间形成不连续的挤压带，这样达不到预期的加固效果。

A　数值模型构建

在单根锚索建立的力学模型基础上，将单根锚索改为2根锚索，锚墩仍为2m，采用施加均布载荷的办法模拟，锚索张拉力取中间值为500kN，锚固段仍为6m，自由段长度19m，分别模拟了间距为4m、6m、8m、10m、12m时群锚施加所产生的应力叠加效应，以及最大主应力、最大剪应力的分布。

B　计算结果及分析

通过数值计算，分别得到了500kN张拉力作用下，不同间距下锚索群锚固体及围岩体的应力分布云图。

a　最大主应力分布图

不同间距最大主应力分布图如图3-32所示。

由图3-32可以看出，在500kN张拉力作用下，单根预应力锚索产生的压应力扩散区出现重叠，形成一完整的压缩带，压缩带的分布显然与锚索的布置方式、间距、锚索数量以及预应力大小都有不同程度的关系。随着锚索间距的不断增大，单根锚索产生的压应力扩散重叠区逐渐弱化，当增大到8m时，最大主应力重叠区域即将分离，

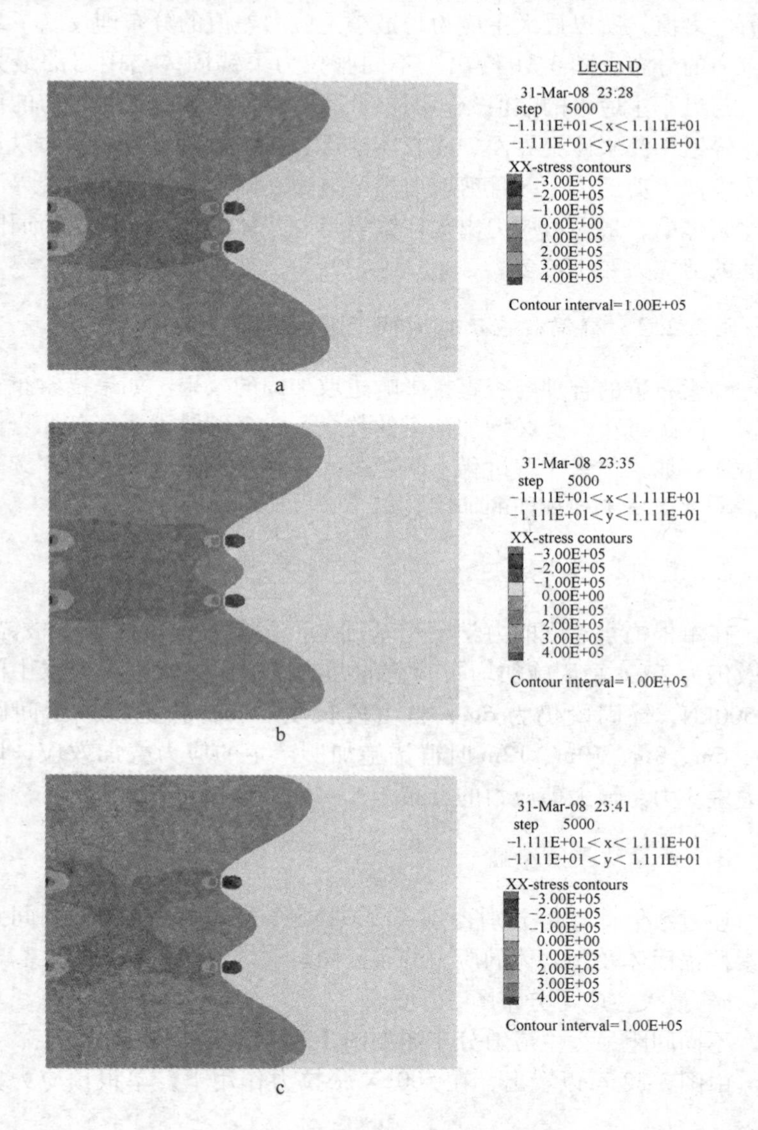

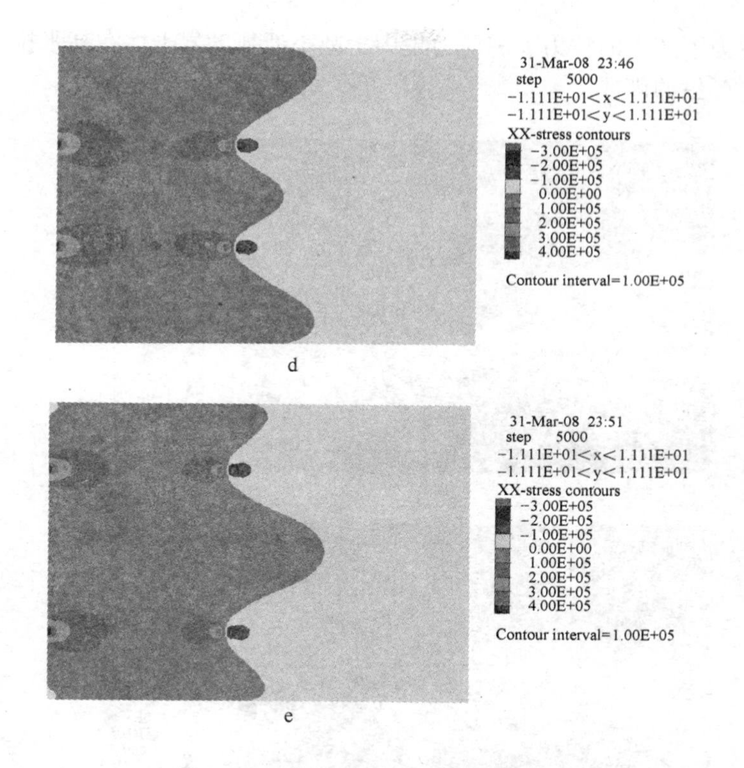

图 3-32　不同间距最大主应力分布图

a—间距 4m；b—间距 6m；c—间距 8m；d—间距 10m；e—间距 12m

10m 间距下压缩重叠效应已经不明显，继续增加间距，则重叠区完全消失，锚索之间产生加固预压应力空白地带。

b　最大剪应力分布图

不同间距最大剪应力分布图如图 3-33 所示。

如图 3-33 所示，随着间距的增大，锚索间的剪应力叠加区逐渐减小，而完整岩体区域逐渐增大，特别是锚固体周围岩体的剪应力集中叠加区域得到明显弱化，大大减小了锚固区岩体因为张拉载荷产生剪应力所导致的岩体损伤程度。在低强度大张拉下，过于密集的锚索布置，对岩体造成的损伤较大，容易出现整体剪破坏，导致应力松弛。这时可以通过增大注浆半径、扩孔注浆增大锚固体体积来削弱高张拉力下产生的拉力、剪应力集中，减小低强度岩土体在高张拉力作用下产生的破坏。

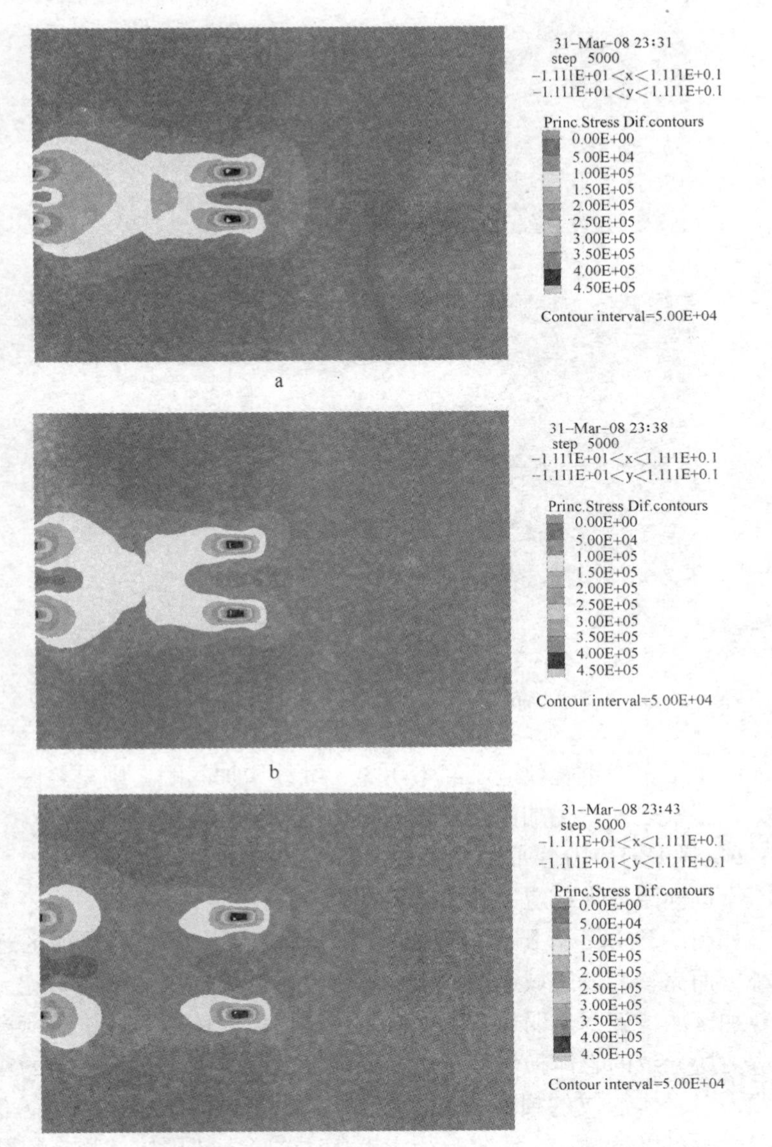

a

b

c

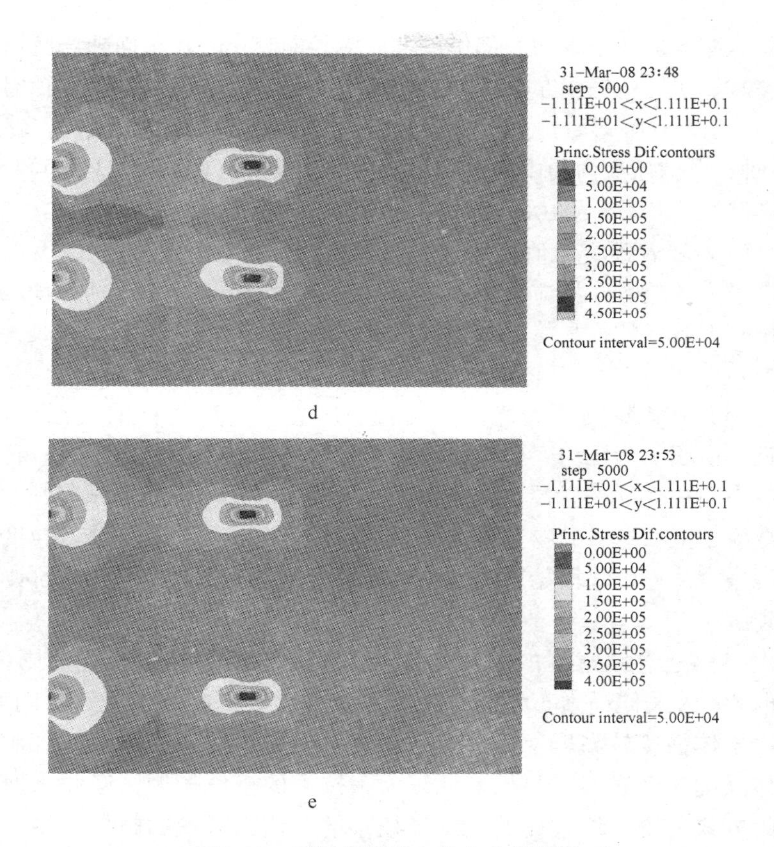

图 3-33 不同间距最大剪应力分布图

a—间距 4m；b—间距 6m；c—间距 8m；d—间距 10m；e—间距 12m

3.3.2.3 小结

综上所述，通过单根锚索预应力模拟及不同间距下锚索群的应力分布，可以得到适用该露天煤矿滑坡体的锚索主要参数的预应力控制结论：

（1）锚索张拉力在锚索垫墩周边的岩体形成了一个压应力集中区，也称浅层压缩区。该应力集中区的范围沿锚索径向约（3 ~ 5）D（D 为垫墩边长），沿锚索轴向为 5 ~ 7m。在此范围内，压应力量值及压缩变形在锚索中心部位最大，沿径向减小，在轴向随深度增加而递减。所以在锚索布设时，根据压应力集中区的范围沿锚索径向约(3 ~ 5)D(D 为垫墩边长）的数值模拟分析结论。若取锚墩为 2m × 2m 时，考虑压应力集中区的叠加效应，则锚索间距 d = (3 ~ 5)D = (3 ~ 5) × 2 = 6 ~ 10m，即锚索间距取值范围为 6 ~ 10m。

（2）随着预应力值的增加，岩体表层压缩区的延伸范围表现出逐渐增大的趋势，压应力值及压缩变形也随着锚固力的增加而增加。故预应力载荷的提高将进一步挤压表层岩体，限制岩体变形并改善岩体力学性状。

（3）在内锚固段周边岩体为拉、压变形与应力值的交汇地带，靠近自由段部为压缩变形与压应力区，靠近内锚固段末端形成一杯形拉应力与拉变形区。拉、压应力区的分界面可用一抛物面来勾画，张拉载荷越大，这一抛物分界面的顶部越靠近内锚段末端。压、拉变形与压应力值在内锚段始末两端临近区域分别达到最大，远离端部则逐渐衰减。

（4）通过锚索群的模拟，在 6 ~ 10m 间距的锚索布置范围内，选取 8m 为最佳锚索布置间排距。但是可以根据岩体强度有所调整，对于岩体强度较高岩层，可以适当增大预应力提高锚固效应。对于岩体强度较低岩层，要想实现较大张拉力的挤压作用，必须采取扩孔的方式，增大注浆体的注浆半径，增大锚固区域的整体强度，同时又扩大了注浆体表面积，来分散和削弱高张拉力下在锚固体部位出现的拉应力和剪应力集中程度，避免在外载荷作用下导致的张拉脱锚失稳。

3.3.3 滑坡加固治理方案机理及稳定性分析

3.3.3.1 滑坡加固方案稳定性数值模拟分析

预应力锚索框架梁结构简单，易于施工，而且能够提供较大的挡护力，是处理滑坡防治中很有效的方法，而且在破碎软弱岩体加固中也得到成功的应用。针对露天煤矿滑坡的治理工程问题，采用了预应力锚索框架梁这一有效的控制技术，同时创造性地将之与高压劈裂注浆技术相结合，形成新的滑坡防治技术，即预应力锚索框架梁+高压劈裂注浆技术。采用这一技术既具备了预应力锚索框架梁的优势，同时通过采用高压劈裂注浆也提高了锚固力，使得软弱岩土体能够实施较高的张拉力，充分发挥张拉作用对岩土体的挤压作用，增加边坡的抗滑能力，为边坡稳定性提供足够的力学作用。具体加固作用机理分述如下。

A 预应力锚索地梁加固边坡的作用机理

在预应力锚索工程中，外锚头位置常常处于一种高应力状态，并会在外锚头附近的浅层岩土表面出现应力受拉区。为了分散其高应力状态，避免浅层局部岩土的压缩变形过大，进而引起预应力损失，同时也为了调整被压缩土层体的应力状态，使其成为三向受压，对外锚头的结构就提出了一定的要求。预应力锚索框架梁就是在这种要求下发展起来的一种常用于边坡支挡加固的结构形式。在此类结构中，地梁作为锚索与坡体的连接体除了相当于锚索外锚头的作用外，在工作过程中地梁尤其是框架地梁能加强各锚索之间的作用联系，保证锚索在抗滑中的均匀性、连续性及整体性，达到完全稳固边坡的目的。

预应力锚索地梁结构中，锚索与地梁共同作用，它们加固边坡的机理主要还是锚索加固坡体的机理，即锚索通过强大的预应力对坡体起到预加固作用，首先坡体岩土体在预压应力的作用下力学性能得到一定程度的改善，充分利用岩土体的自身抗滑能力，增强坡体的稳定性；其次，滑体垂直于滑面方向的压力有较大的增加，增大了滑动面上的摩擦力，从而减小了滑体的下滑力。同时，地梁将坡面分为若干单元，岩土体的变形被限制在这些单元格内，地梁在锚索的强大拉力作用下有效地抑制了坡体的变形。地梁主要起承受并传递锚固力的作用，同时加强了结构的整体效能。从预应力锚索加固坡体的作用机理可以看出，预应力锚索地梁是一种主动支挡加固结构，提前对坡体进行加固，以防止坡体出现失稳或稳定性继续恶化的情况。

B 预应力锚索劈裂注浆加固机理

劈裂注浆是在注浆压力作用下，向注浆孔压入浆液，浆液克服地层的初始应力和抗拉强度后，沿垂直于小主应力平面上劈裂的裂缝注入岩土的施工方法。目的是通过注浆劈裂并压密岩土体，重填裂缝，达到增加土体抗拉强度、降低土体渗透性的效果。在锚索施工过程中，按普通注浆锚索的注浆方式实施压力注浆；待水泥浆初凝之后，再经花管对锚索孔实施压力注浆，此次注浆即为劈裂注浆，浆液在压力下首先劈裂一次注浆浆体结石包裹体，继而劈裂周围岩土体形成浆脉。

锚索采用劈裂注浆可以从多方面增加锚索的锚固力。浆液首先劈裂进入锚固段周围抗拉强度较小的介质内（如锚固段与岩土体的结合面），进而重填已开裂发展的裂隙空间，并从中间向两侧挤压、胶结，从而提高了锚固段周围岩土体的力学特性，以及它们之间的连接程度。劈裂路径趋于大主应力方向，那么劈裂面的方向正趋于小主应力方向。浆液向裂隙两侧施压，还使作用在裂隙侧面的小主应力局部升高，其结果使锚固段受到的正压力加大，因而增加了锚固段与周围岩土体间的摩擦力。此外，无论是沿锚固段与岩土体结合面，还是向岩土体劈裂部分扩散的浆脉，其结石体终将成为锚固段的一部分，使锚固段的体积与表面积增加，从而扩大了锚固段的规模，亦增加了锚杆的承载能力。在锚索注浆工序中采用劈裂注浆技术，既能增加锚固段与岩体的接触面积，又能增强两者之间的结合程度，还能提高锚固段周围岩体的物理力学性质，增加锚固段的嵌固效果，从而增加锚固力。

C 预应力锚索框架梁+高压劈裂注浆加固机理

工程上锚索的锚固指标由锚索的承载力来衡量，而锚索的承载力取决于锚固段的锚固力。要使设计工程安全性提高，本质上决定于锚固段与其周围岩土体的结合状态。尽管采用预应力锚索框架梁可以起到将预应力在坡面进行扩散的作用，并减小锚头应力集中造成的破坏，为实施较大张拉力作用提供发挥空间，但是对于软弱破碎岩土体来讲，要想实现较强的锚固作用，就必须采取较强的张拉力。但张拉力过大，势必增加锚固段的张拉和剪应力集中。而围岩土体由于软弱破碎，很容易在高应力作用下，发生张拉破坏和剪切破坏，导致锚固体与围岩岩体发生脱离，从而使锚索丧失张拉力，减小锚固作用。而采用劈裂注浆技术则是将水力劈裂原理应用于预应力锚索注浆工程之中，可以提高浆体与岩体交界面的极限黏结强度；同时浆脉的扩散作用，又引起锚固段体积与表面积的增加，强化了锚固段周围岩土体的力学特性，增加了锚固段的嵌固效果，改变其破坏方式，达到大幅度提高锚固体系承载力的目的。所以将预应力锚索框架梁和高压劈裂注浆结合起来使用，就可以很好地解决这个问题，提供较高的锚固力，实现对软弱破碎边坡的加固作用。

3.3.3.2 滑坡加固方案稳定性数值模拟分析

A 模拟方案

为了达到最好的加固效果，采用数值分析方法模拟了干燥状态下三种边坡加固方案并进行对比分析：

（1）干燥状态没有进行加固（见图3-34）；

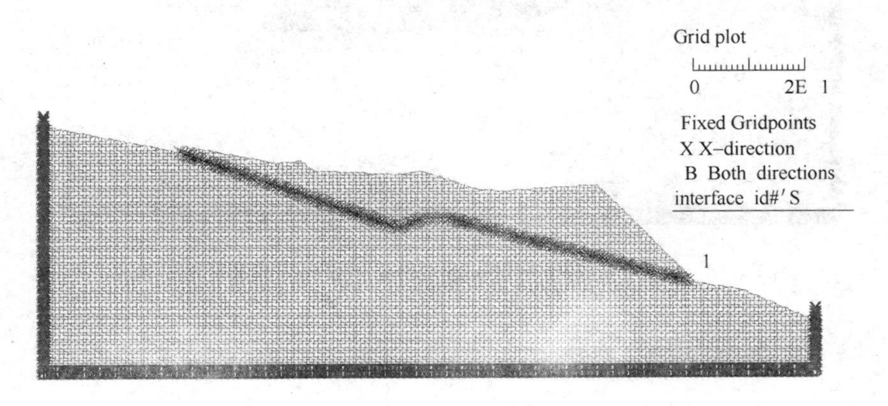

图3-34 干燥状态滑坡体力学模型

（2）采用预应力锚索框架梁加固技术（见图3-35）；

（3）预应力锚索框架梁+高压劈裂注浆加固技术（见图3-36）。

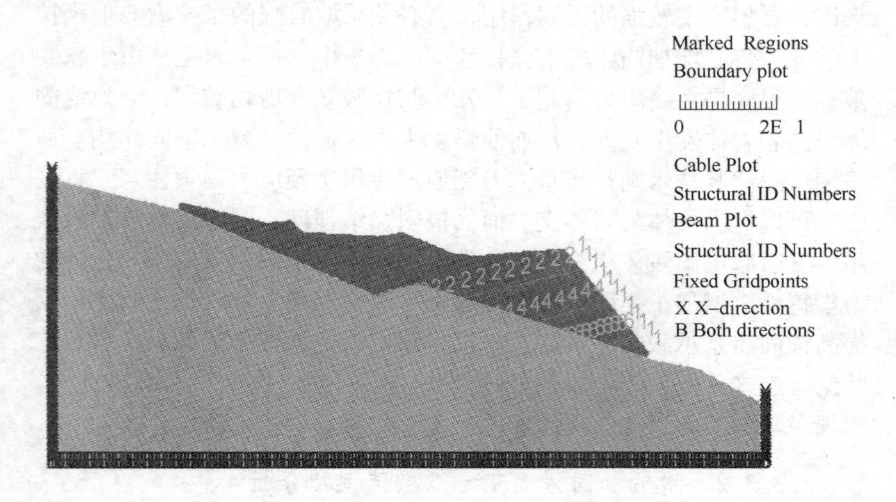

图 3-35 预应力锚索框架梁加固滑坡体力学模型

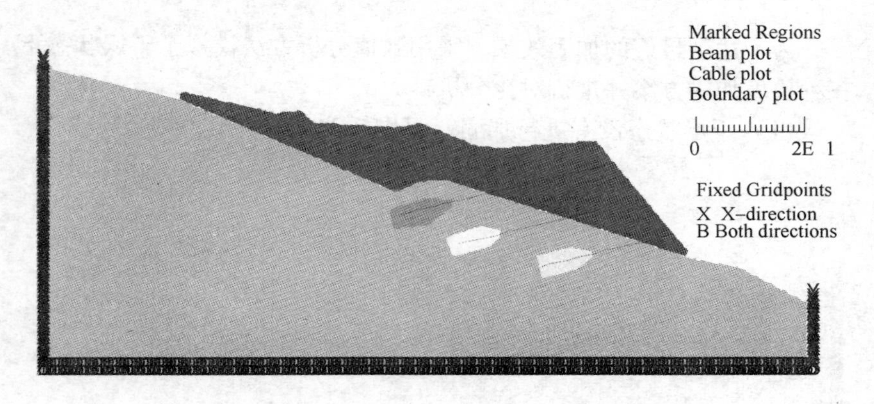

图 3-36 预应力锚索框架梁 + 高压劈裂注浆加固滑坡体力学模型

B 计算结果

计算结果如图 3-37 ~ 图 3-43 所示。

C 结果分析

图 3-37 ~ 图 3-43 分别给出了干燥不加固状态、预应力锚索框架

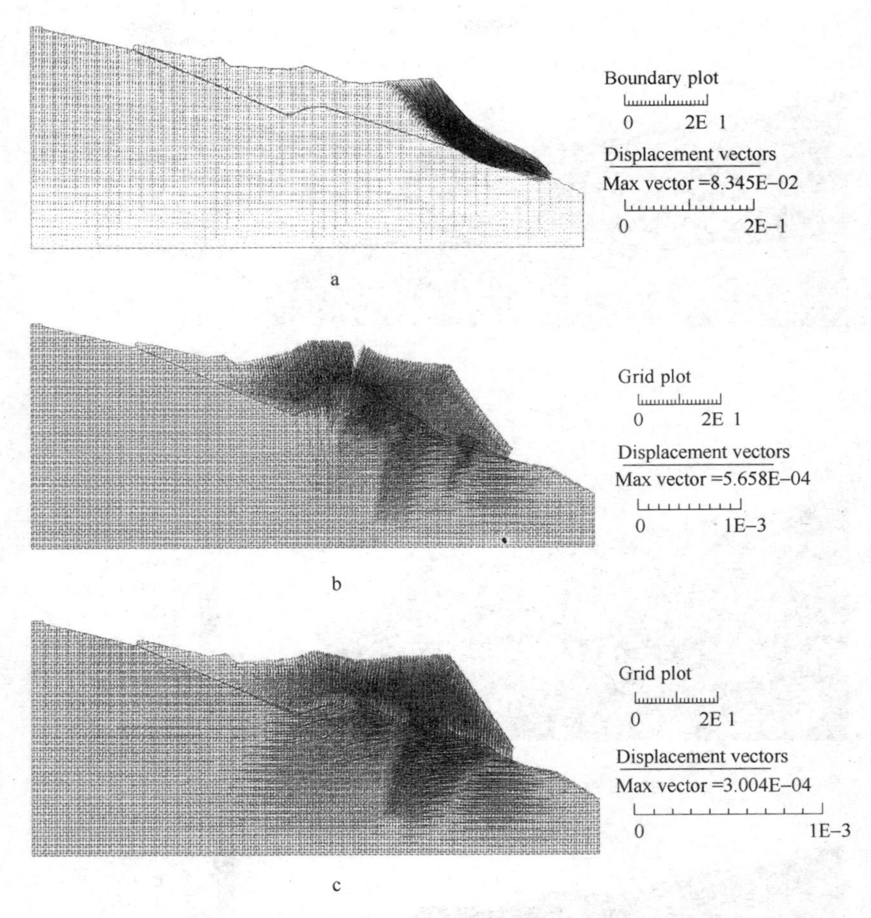

图 3-37 三种加固状态下的加固位移矢量场分布图

a—干燥滑坡位移矢量场分布图；b—滑坡预应力框架梁加固位移矢量场分布图；
c—滑坡预应力框架梁 + 高压劈裂注浆加固位移矢量场分布图

梁加固、预应力锚索框架梁 + 高压劈裂注浆加固三种状态下，边坡的位移、应力、塑性区等的分布状况，分析如下。

（1）位移矢量场分布：从图 3-37、图 3-38 可以看出，采用加固措施后边坡的位移矢量由加固前的沿坡面向下转变为垂直坡面向上，边坡稳定性得到明显控制，而且采用高压劈裂注浆下的边坡位移矢量

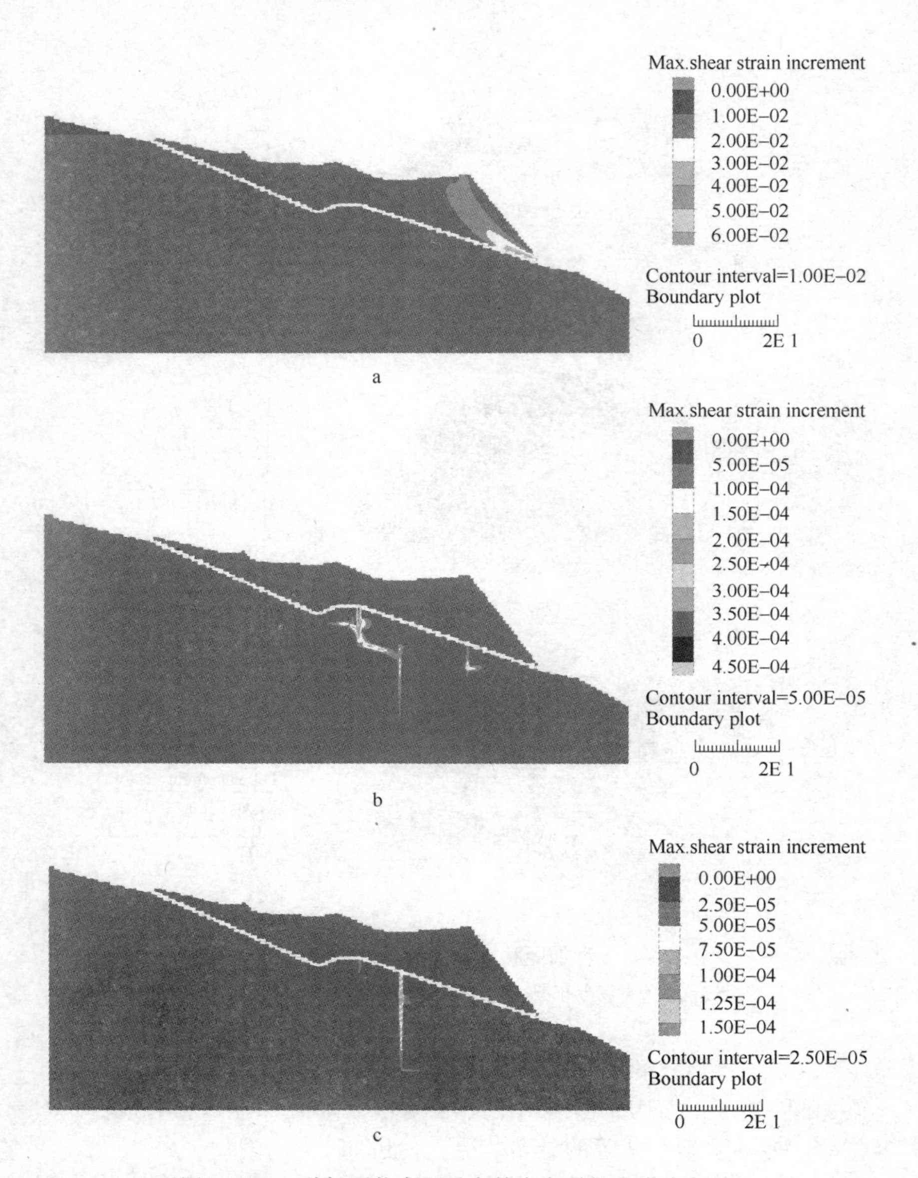

图 3-38 三种加固状态下最大剪应变增长迹线分布图

a—干燥滑坡最大剪应变增长迹线分布图；b—滑坡预应力框架梁加固最大剪应变增长迹线分布图；c—滑坡预应力框架梁 + 高压劈裂注浆加固最大剪应变增长迹线分布图

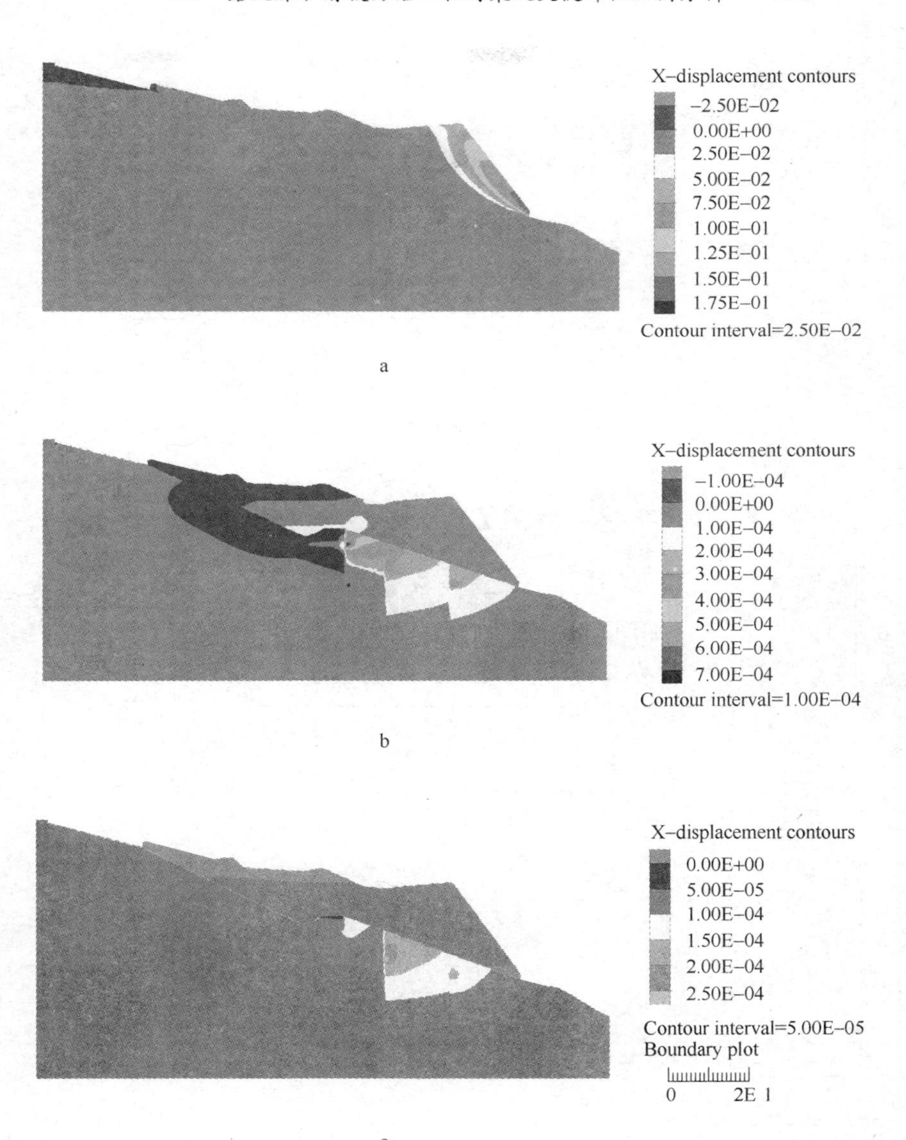

图 3-39 三种加固状态下水平位移分布图

a—干燥滑坡水平位移分布图；b—滑坡预应力框架梁加固水平位移分布图；
c—滑坡预应力框架梁 + 高压劈裂注浆加固水平位移分布图

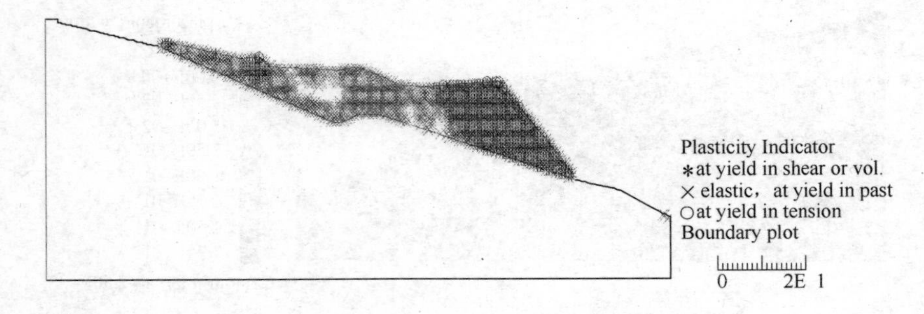

a

Plasticity Indicator
∗ at yield in shear or vol.
× elastic，at yield in past
○ at yield in tension
Boundary plot
0 2E 1

b

Plasticity Indicator
∗ at yield in shear or vol.
× elastic，at yield in past
○ at yield in tension
Boundary plot
0 2E 1

c

图 3-40 三种加固状态下破坏场分布图

a—干燥滑坡破坏场分布图；b—滑坡预应力框架梁加固破坏场分布图；

c—滑坡预应力框架梁＋高压劈裂注浆加固破坏场分布图

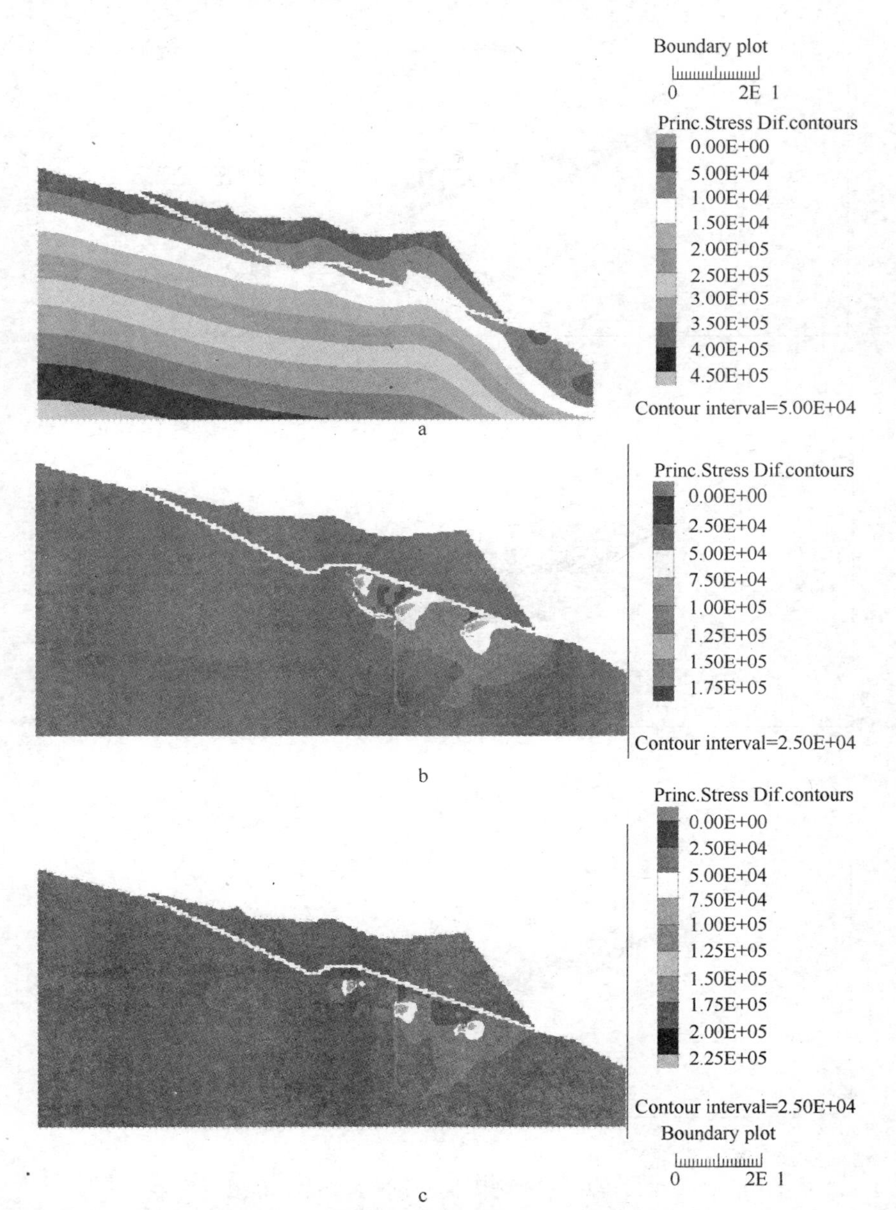

图 3-41 三种加固状态下最大剪应力分布图

a—干燥滑坡最大剪应力分布图；b—滑坡预应力框架梁加固最大剪应力分布图；
c—滑坡预应力框架梁+高压劈裂注浆加固最大剪应力分布图

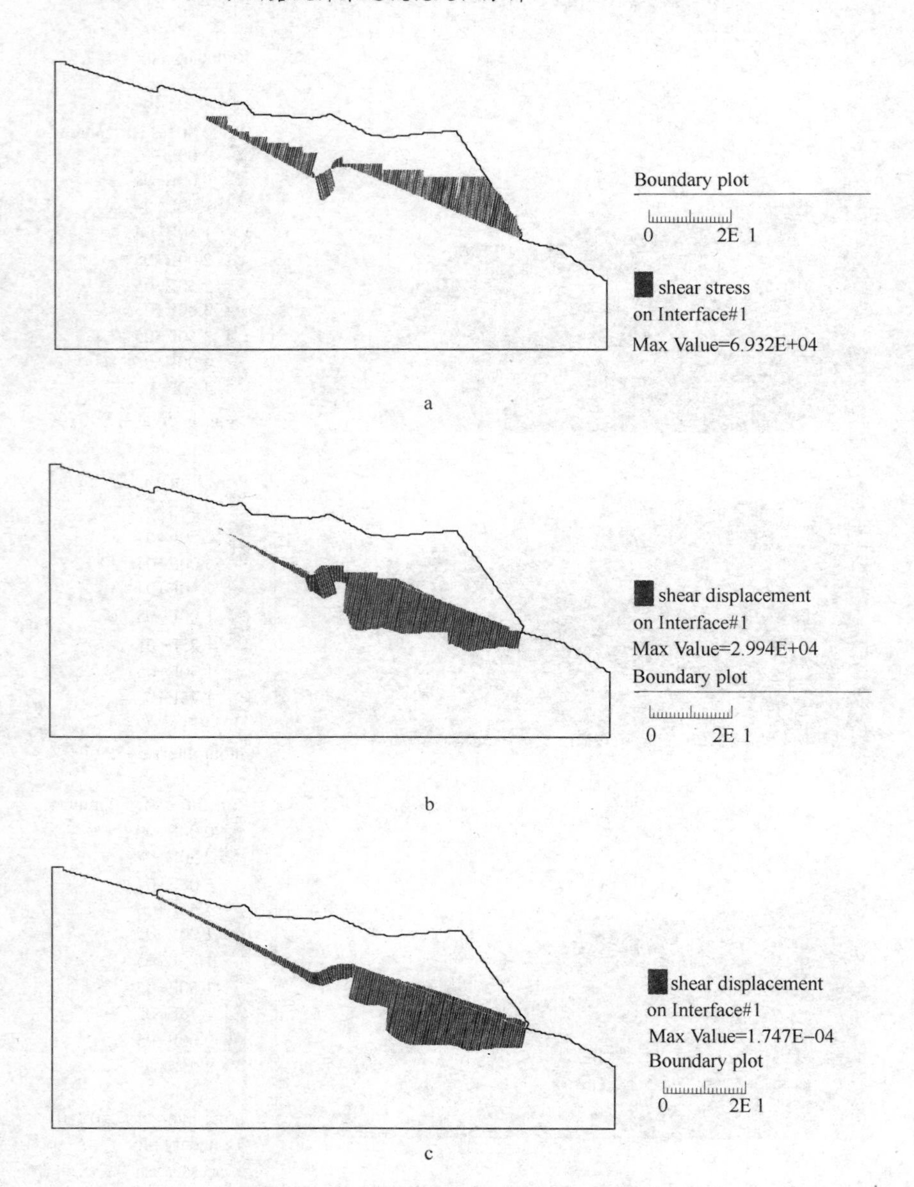

图 3-42 三种加固状态下剪切应力分布图

a—干燥滑坡滑动面剪切应力分布图；b—滑坡预应力框架梁加固滑动面剪切应力分布图；
c—滑坡预应力框架梁 + 高压劈裂注浆加固滑动面剪切应力分布图

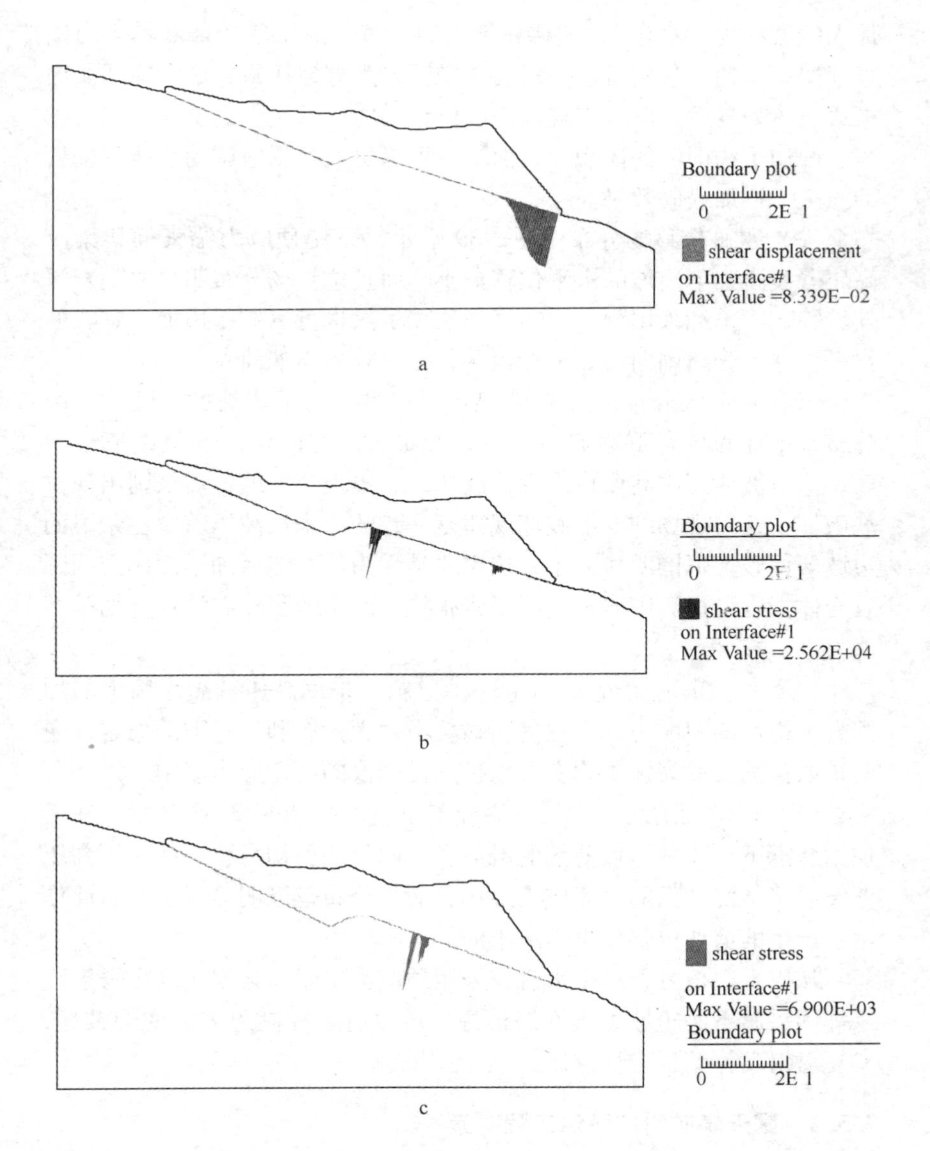

图 3-43 三种加固状态下滑动面剪切位移分布图

a—干燥滑坡滑动面剪切位移分布图；b—滑坡预应力框架梁加固滑动面剪切位移分布图；
c—滑坡预应力框架梁+高压劈裂注浆加固滑动面剪切位移分布图

最大值最小为 3×10^{-4}，位移矢量场的分布范围比单纯采取预应力锚索框架梁下的位移矢量场分布大，说明采用劈裂注浆，增大锚固段周围岩土体强度后，可以实现锚固段位移场的扩散化。这主要是因为相当于增加了锚固体的体积和表面积，可以更大范围地调动滑体下基岩的强度，增加锚固效果。

（2）水平位移场分布：图 3-39 显示，采用预应力锚索框架梁 + 高压劈裂注浆下边坡的水平位移最小，而且位移场分布明显向基岩深处转移，而单纯采用预应力锚索框架梁虽然也可以控制边坡稳定，但水平位移场分布则向滑面附近运移，控制效果不如前者。

（3）塑性区分布：图 3-40 显示了三种状态下边坡的塑性破坏区分布，不加固状态下边坡的破坏区域很大，在前段出现拉破坏集中区，为滑坡体，中间段也出现拉破坏，会出现拉裂缝，后缘则出现拉裂破坏，这与现场的变形破坏规律是一致的。采用高压劈裂注浆下的边坡塑性破坏范围明显减小，这主要是因为注浆能增加锚固体周围围岩岩体强度，提高围岩抵抗因锚索张拉而产生的张拉破坏和剪切破坏能力。

（4）最大剪应力分布：图 3-41 显示，采用高压劈裂注浆下的加固方案边坡的剪应力集中程度明显减小，大大有利于边坡的稳定，说明采取锚固段劈裂注浆确实可以扩散锚固段的剪切应力集中。

（5）滑动面剪切应力及位移分布：图 3-42 和图 3-43 显示，在不加固状态下，边坡沿坡前端的滑面发生明显的剪切滑移，而采用高压劈裂注浆下滑动面的剪切应力最小，而且分布范围明显减小，由此作用下产生的剪切位移值也是最小的。

从以上数值分析结果来看，采用预应力锚索框架梁 + 高压劈裂注浆加固措施下的边坡力学性态最好，可以有效控制边坡的变形破坏，实现对滑动体的稳定性控制。

3.3.4 露天煤矿滑坡防治工程对策

3.3.4.1 滑坡区防治方案

东部非工作帮导致滑坡的主要因素是水，故对非工作帮滑坡区

（DH1、DH2、DH3、DH4）加强疏排降水：在距离非工作帮坡口一定距离（20~50m）处修建地表排水沟；地下标高950~960m位置修建排水廊道，将地下水位降低到危险面或滑动面以下。涵洞尺寸2m×2m，涵洞顶部做成拱形，拱高0.5m利于受力，涵洞顶部设置放射状泄水孔，将坡体内地下水汇入涵洞底部排水沟，然后排入矿山基坑，一并作排除处理。

A DH1 滑坡（南部出入沟滑坡）

（1）框架锚索+高压劈裂注浆加固：在滑坡前缘斜坡上布置三排锚索，锚索长度15~25m，排距10m，间距8m，锚墩2m×2m，用框架梁连接，形成整体。在锚固段进行多次加压劈裂注浆，增强锚索的锚固效果。DH1 滑坡防治工程方案设计剖面图见图3-44。

（2）坡面处理：对滑坡体表面及后部坡面上的滑坡裂缝进行夯填处理。

B DH2 滑坡（观礼台滑坡）

（1）框架锚索+高压劈裂注浆加固：在滑坡前缘斜坡上布置一排锚索，在滑坡后缘斜坡上布置两排锚索，锚索长度30~35m，排距10m，间距8m，锚墩2m×2m，用框架梁连接，形成整体。在锚固段进行多次加压劈裂注浆，增强锚索的锚固效果。DH2 滑坡防治工程方案设计剖面图见图3-45。

（2）坡面处理：对滑坡体表面及后部坡面上的滑坡裂缝进行夯填处理。

C DH3 滑坡（东帮北部滑坡）

（1）框架锚索+高压劈裂注浆加固：在滑坡前缘斜坡上布置一排单墩锚索，在滑坡后缘斜坡上布置两排锚索，锚索长度25~30m，排距10m，间距8m，锚墩2m×2m，用框架梁连接，形成整体。在锚固段进行多次加压劈裂注浆，增强锚索的锚固效果。DH3 滑坡防治工程方案设计剖面图见图3-46。

（2）坡面处理：对滑坡体表面及后部坡面上的滑坡裂缝进行夯

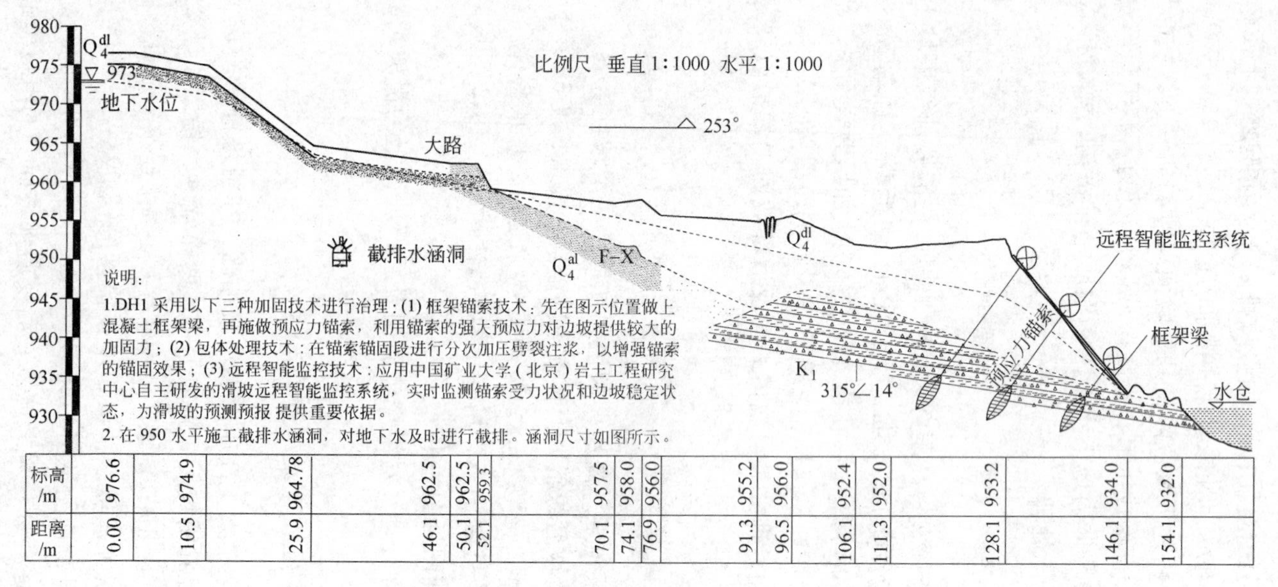

图 3-44　DH1 滑坡防治工程方案设计剖面图

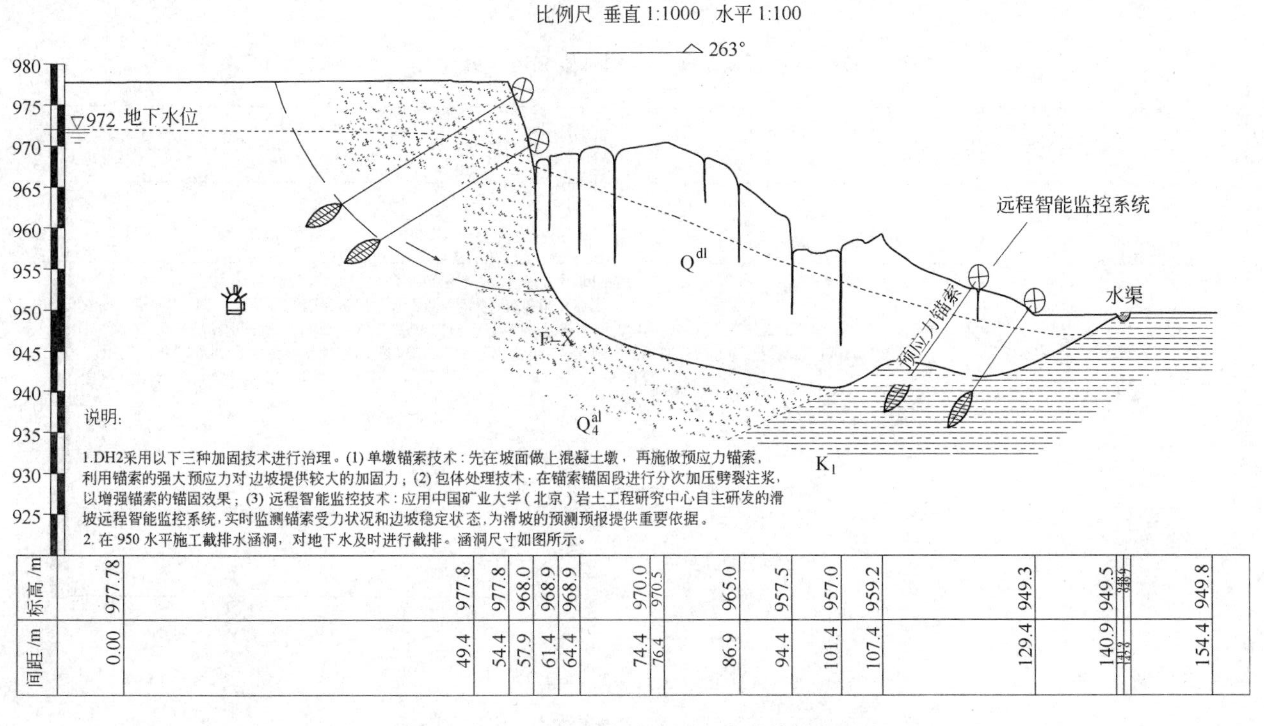

图 3-45 DH2 滑坡防治工程方案设计剖面图

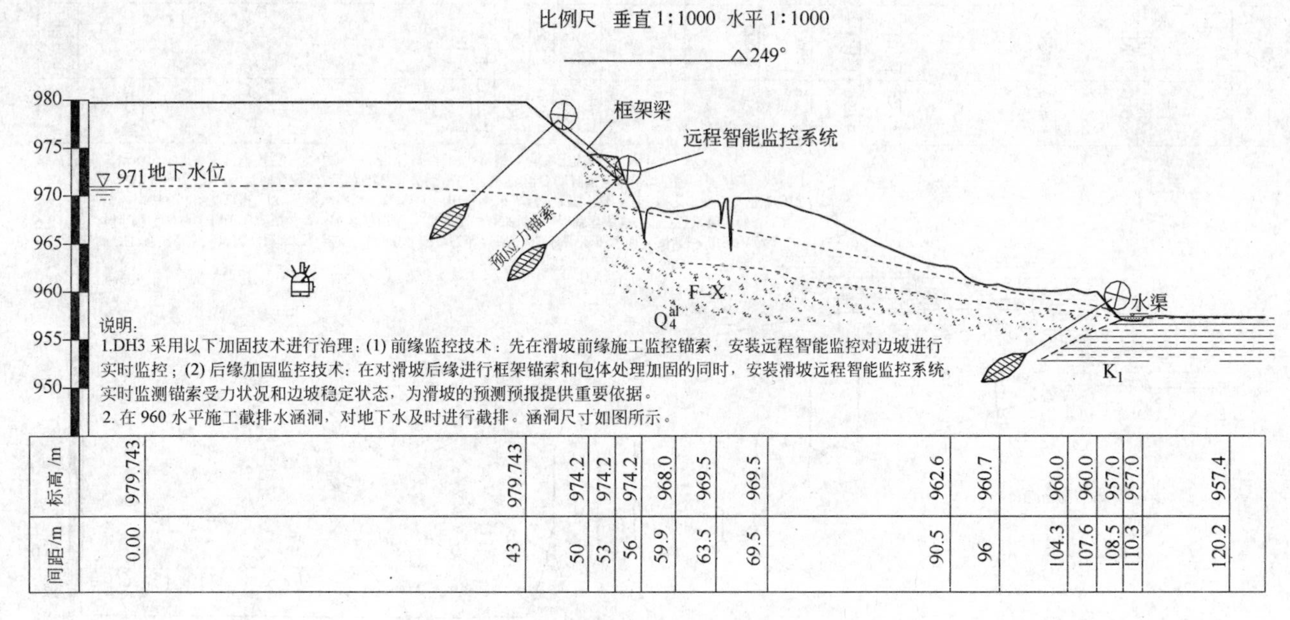

标高/m	979.743	979.743	974.2	974.2	974.2	968.0	969.5	969.5	962.6	960.7	960.0	960.0	957.0	957.0	957.4
间距/m	0.00	43	50	53	56	59.9	63.5	69.5	90.5	96	104.3	107.6	108.5	110.3	120.2

图 3-46　DH3 滑坡防治工程方案设计剖面图

填处理。

D DH4 滑坡（DH3 与 BH1 之间）

（1）框架锚索 + 高压劈裂注浆加固：在滑坡前缘斜坡上布置一排单墩锚索，用于设置远程监测传感器，在滑坡后缘斜坡上布置两排锚索，锚索长度 25 ~ 30m，排距 10m，间距 8m，锚墩 2m × 2m，用框架梁连接，形成整体。在锚固段进行多次加压劈裂注浆，增强锚索的锚固效果。DH4 滑坡防治工程方案设计剖面图见图 3-47。

（2）坡面处理：对滑坡体表面及后部坡面上的滑坡裂缝进行夯填处理。

E BH1 滑坡（北帮滑坡）

（1）框架锚索 + 高压劈裂注浆加固：在滑坡前缘斜坡上布置一排框架锚索，在滑坡体中部布置一排框架锚索，在滑坡后部斜坡上布置两排锚索，锚索长度 20 ~ 40m，排距 10m，间距 8m，锚墩 2m × 2m，用框架梁连接，形成整体。在锚固段进行多次加压劈裂注浆，增强锚索的锚固效果。BH1 滑坡防治工程方案设计剖面图见图 3-48。

（2）坡面处理：对滑坡体表面及后部坡面上的滑坡裂缝进行夯填处理。

3.3.4.2 潜在滑坡区防治方案

潜在滑坡区近邻滑坡区，坡体变形与滑坡活动有一定关系。Ⅱ1 区边坡防治工程参照 DH1 滑坡防治方案执行。Ⅱ2、Ⅱ3 区边坡参照 DH2 滑坡防治方案执行。Ⅱ4 区边坡参照 DH3 滑坡防治方案执行。

3.3.4.3 重要工程区防治方案

在充分放坡的基础上，充分考虑重要工程区（南端帮边坡）工程设施对地基的要求，制订如下治理方案：

（1）削坡卸载。根据现场岩土条件，可将边坡分级削方，坡率 1 : 1.25，单级高度 12m，分级间留 5m 平台。重要工程区南端帮边坡加固工程方案设计剖面图见图 3-49。

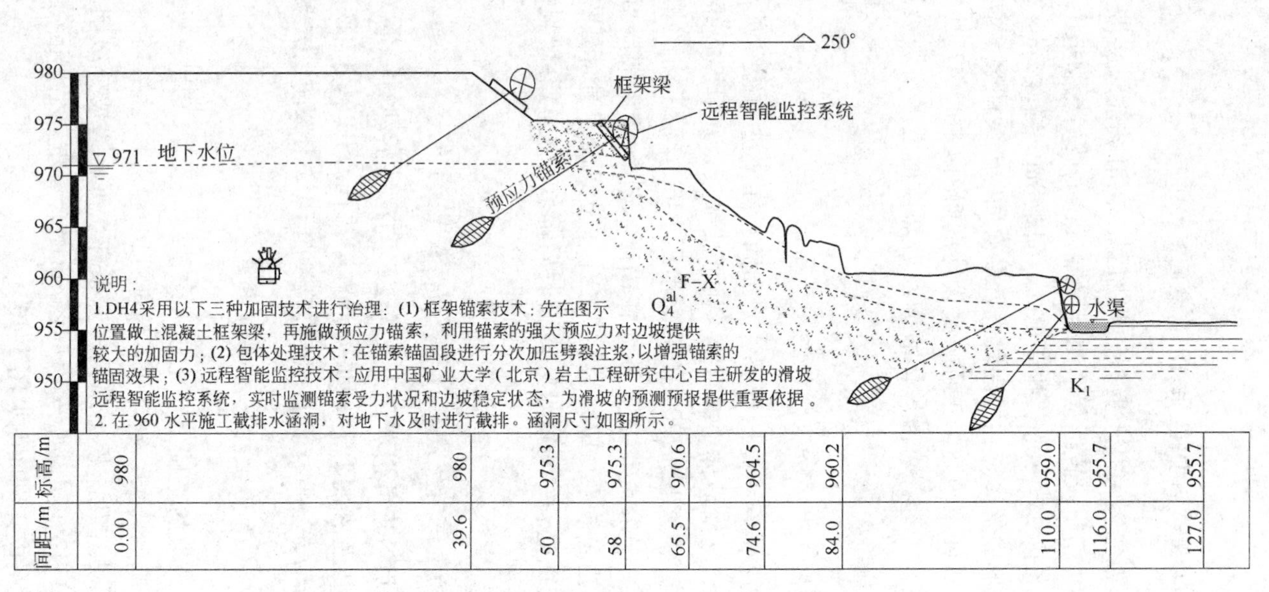

图3-47 DH4滑坡防治工程方案设计剖面图

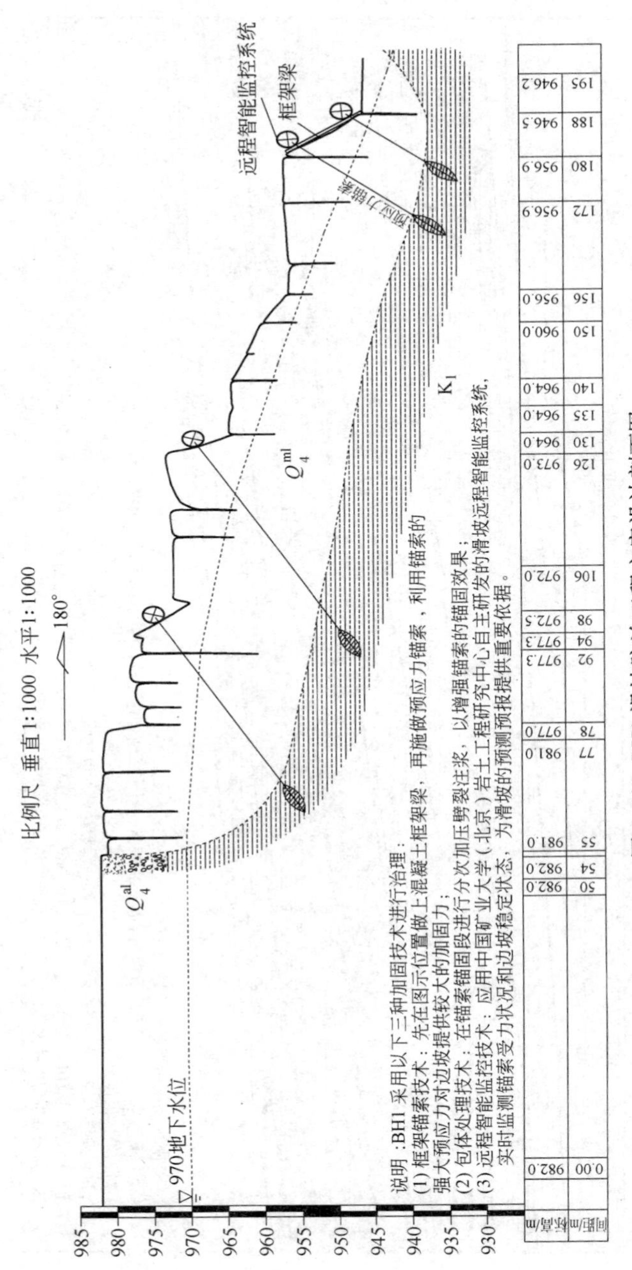

间距/m	0.00	50	54	55	77	78	92	94	98	106	126	130	135	140	150	156	172	180	188	195
标高/m	982.0	982.0	982.0	981.0	981.0	977.0	977.3	977.3	972.5	972.0	973.0	964.0	964.0	964.0	960.0	956.0	956.9	956.9	946.5	946.2

图 3-48 BH1 滑坡防治工程方案设计剖面图

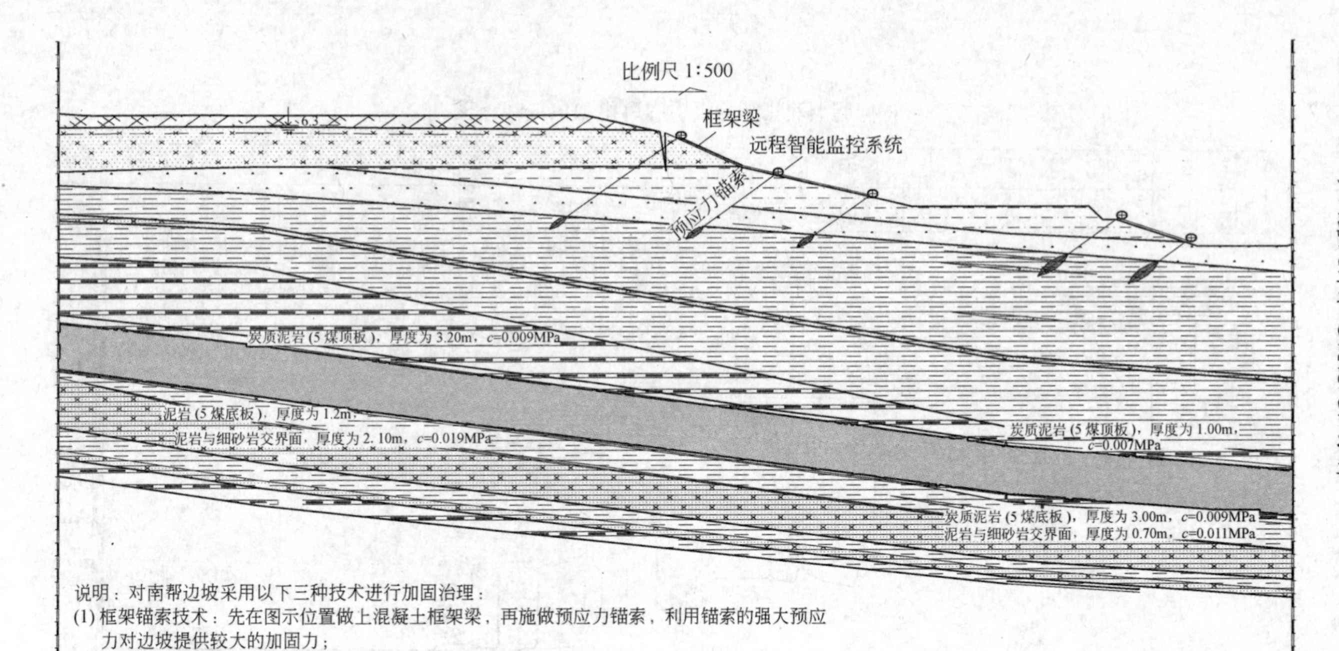

图 3-49 重要工程区南端帮边坡加固工程方案设计剖面图

（2）边坡加固。考虑工程设施需要，采用单墩锚索加固坡体，以具体情况布置五排，墩间距 4 ~ 6m，需避开工程设施时，可采用 10m，锚墩 2m × 2m。场地允许时，可加框架梁，增加整体性，受力条件更好。在锚固段进行多次加压劈裂注浆，增强锚索的锚固效果。

3.3.5 关键部位加固评价分析

3.3.5.1 DH1 边坡稳态分析及加固方案设计

A DH1 边坡稳态分析

根据 DH1 剖面边坡工程岩体结构和地形特征，进行滑动面的稳定性分析和加固设计，边坡工程力学模型如图 3-50 所示。根据试验确定滑带黏土岩组的残余剪切强度：黏聚力 12.25kPa，摩擦角 14.35°，采用 MSARMA 法重新反算黏聚力和内摩擦角。目前边坡已经处于暂时稳定状态，取其稳定系数为 1，经多次反算，并综合现场情况，确定滑坡体黏聚力为 11kPa，摩擦角为 13.5°。

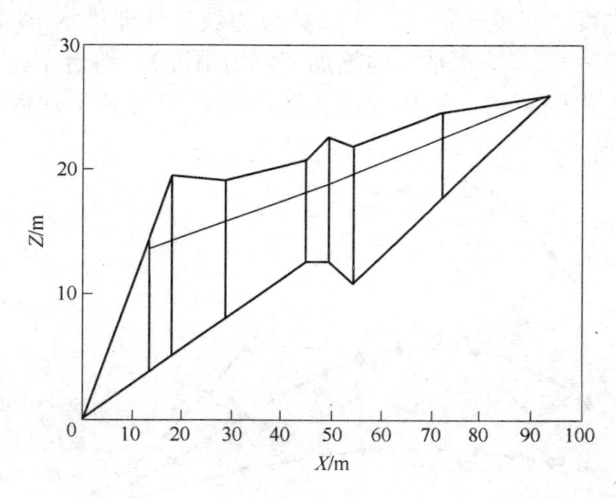

图 3-50 DH1 剖面边坡工程滑动面计算力学模型图

由 MSARMA 法计算结果（见表 3-6）可知，DH1 现状边坡在无地震及干燥与半干燥状态下边坡稳定系数处在 1.3515 ~ 1.3597，可以满足稳定性要求，但是在饱水状态下以及Ⅵ级以上地震情况下，边坡将处于失稳状态。

表 3-6 露天煤矿东部非工作帮南区 DH1 滑坡体稳定性计算结果

边坡类型	不考虑地震作用			正常状态（排水 75%）考虑地震作用		
	饱水状态	排水 50% 条件	干燥状态	Ⅵ	Ⅶ	Ⅷ
DH1 滑坡稳定系数	1.0036	1.3515	1.3597	1.1762	1.0390	0.8401

B DH1 边坡工程加固设计研究

a 预应力锚索框架梁加固设计优化分析

依据边坡稳态对加固角的敏感性分析曲线（见图 3-51）与边坡的加固形式，可以综合确定该露天煤矿 DH1 剖面边坡的最佳加固角为0°。如使用长锚索进行边坡加固，可在边坡稳定系数、地震系数和坡面载荷关系曲线（见图 3-52）图中，查得该露天煤矿在未来最不利地震烈度为Ⅵ度条件下、正常状态边坡条件即排水 75% 条件下，最佳加固角为 0°（即水平方向施加工程力情况），符合某一设计安全系数的边坡加固总力。现场根据施工条件，只要满足加固角范围在

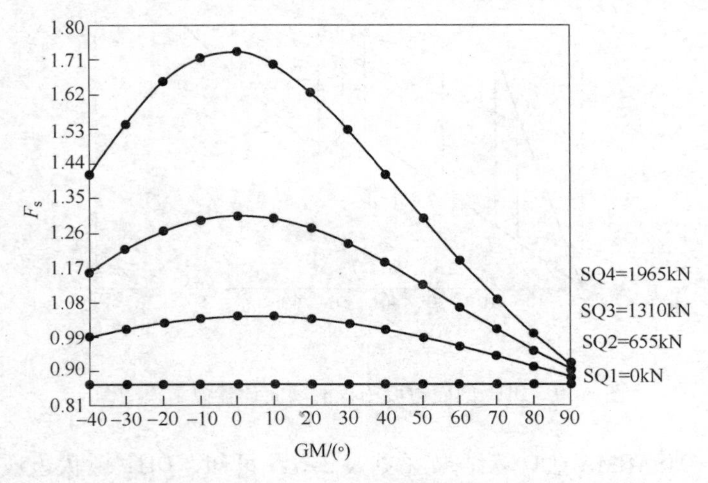

图 3-51 DH1 边坡稳态对加固力的敏感性分析曲线

-20°~20°之间均可满足加固角最优设计要求。

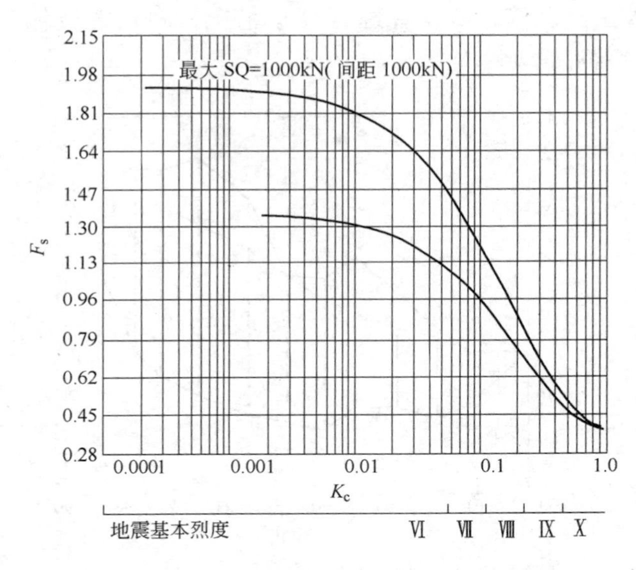

图3-52 DH1边坡稳定系数、地震系数与坡面载荷的关系曲线

b 预应力锚索框架梁加固后稳定性分析

根据对边坡稳态敏感性分析及加固优化设计分析，考虑Ⅵ级地震、饱水状态及正常状态下，对边坡进行加固设计，总加固力为1000kN，倾角0°，对边坡（1/5 ~ 1/2）H范围边坡采取加固措施，加固设计方案见图3-44（DH1滑坡防治工程方案设计剖面图），相关计算结果见表3-7，经治理加固后，该滑坡处于稳定状态。

表3-7 不同含水率状态下稳定系数

排水率	饱和状态（0%）	正常状态（75%）
稳定系数	1.1573	1.5688

3.3.5.2 DH2边坡稳态分析及加固方案设计

A DH2边坡稳定性分析

根据DH2剖面边坡工程岩体结构和地形特征，进行滑动面的稳定性分析和加固设计，边坡工程力学模型如图 3-53 所示。采用 MSARMA 法经反演计算，并综合现场情况，确定滑坡体黏聚力为 12kPa，摩擦角为 14°。

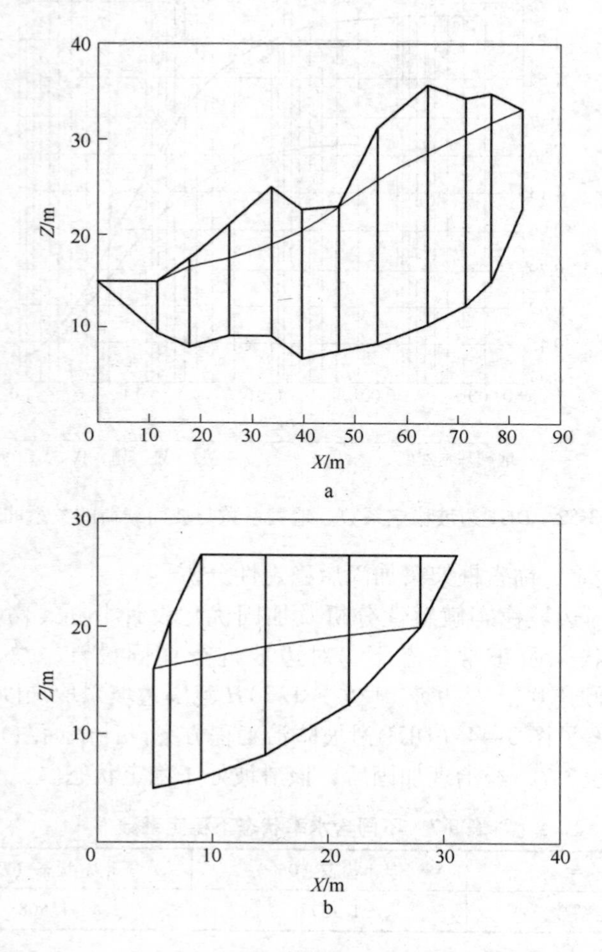

图 3-53 DH2 剖面边坡工程后滑动面计算力学模型图

a—前滑面 N_1；b—后滑面 N_2

由 MSARMA 法计算结果（见表 3-8）可知，DH2 现状边坡在无地震及干燥与半干燥状态下边坡稳定系数处在 1.0481 ~ 1.3560，可以满足稳定性要求，但是在饱水状态下以及Ⅵ级以上地震情况下，边坡将处于失稳状态。

表 3-8 露天煤矿东部非工作帮南区 DH2 滑坡体稳定性计算结果

边坡类型	滑动面名称	不考虑地震作用			正常状态(排水 75%)考虑地震作用		
		饱水状态	排水 50% 条件	干燥状态	Ⅵ	Ⅶ	Ⅷ
DH2 滑坡	滑面 N_1	1.0014	1.1676	1.3560	1.0924	0.9631	0.7763
	滑面 N_2	1.0134	1.0481	1.0802	0.9570	0.8685	0.7264

B DH2 边坡工程加固设计研究

a 预应力锚索框架梁加固设计优化分析

依据边坡稳态对加固角的敏感性分析曲线（见图 3-54）与边坡的加固形式，可以综合确定该露天煤矿 DH2 剖面边坡的最佳加固角为 0°。如使用长锚索进行边坡加固，可在边坡稳定系数、地震系数和坡面载荷关系曲线（见图 3-55）图中，查得该露天煤矿在未来最不利地震烈度为Ⅵ度条件下、正常状态边坡条件即排水 75% 条件下，最佳加固角为 0°（即水平方向施加工程力情况），符合某一设计安全系数的边坡加固总力。现场根据施工条件，只要满足加固角范围在 -20° ~ 20°之间均可满足加固角最优设计要求。

b 预应力锚索框架梁加固后稳定性分析

根据对边坡稳态敏感性分析及加固优化设计分析，考虑Ⅵ级地震、饱水状态及正常状态下，对边坡进行加固设计，DH2 滑坡滑面 N_1 总加固力为 1000kN，倾角 0°，DH2 滑坡滑面 N_2 总加固力为 600kN，倾角 -30°，对边坡 $(1/5 \sim 1/2)H$ 范围边坡采取加固措施，加固设计方案见图 3-45（DH2 滑坡防治工程方案设计剖面图），相关计算结果见表 3-9，经治理加固后，该滑坡处于稳定状态。

表 3-9 不同含水率状态下稳定系数

滑坡体名称	排水率	饱和状态（0%）	正常状态（75%）
DH2 滑面 N_1	稳定系数	1.0522	1.3299
DH2 滑面 N_2	稳定系数	1.1687	1.2236

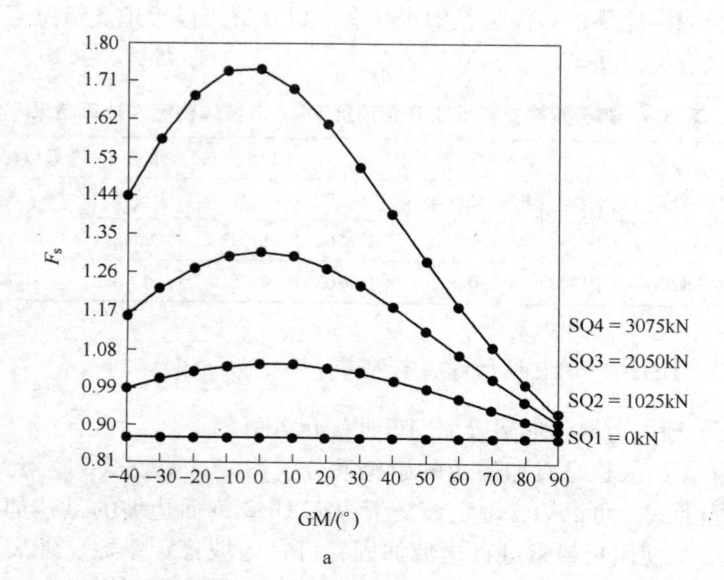

a

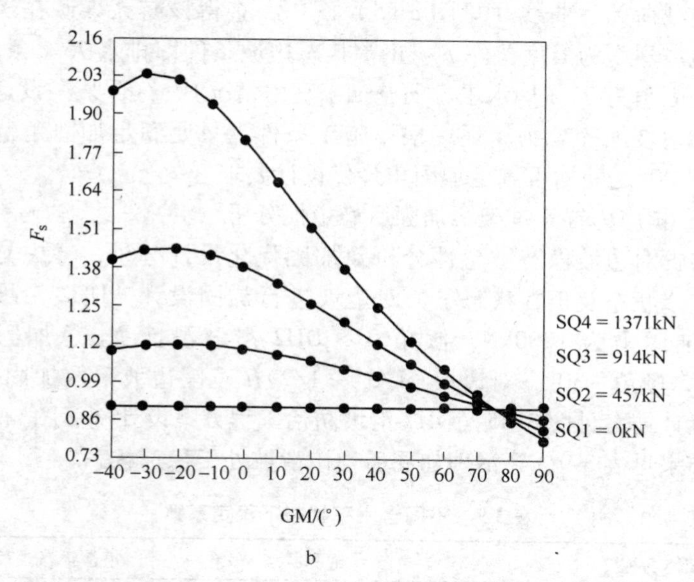

b

图 3-54　边坡稳态对加固角的敏感性分析曲线

a—前滑面 N_1；b—后滑面 N_2

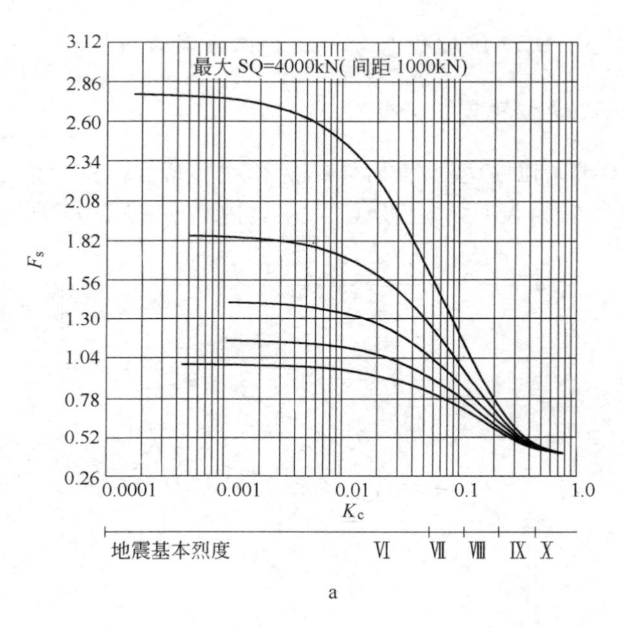

a

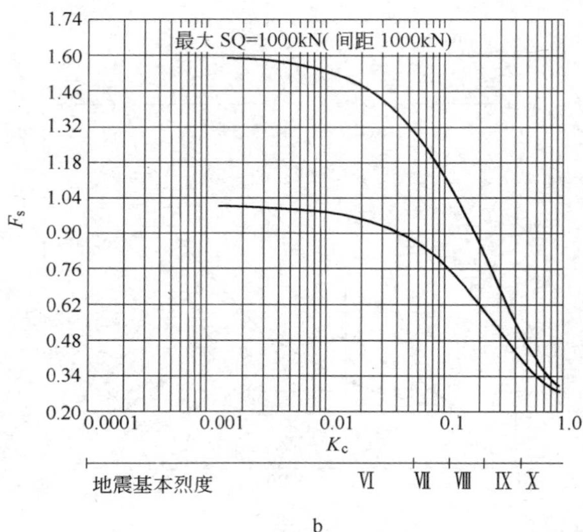

b

图 3-55 边坡稳定系数、地震系数与坡面载荷的关系曲线

a—前滑面 N_1；b—后滑面 N_2

3.3.5.3 DH3 边坡稳态分析及加固方案设计

A DH3 边坡稳定性分析

根据 DH3 剖面边坡工程岩体结构和地形特征，进行滑动面的稳定性分析和加固设计，边坡工程力学模型如图 3-56 所示。采用

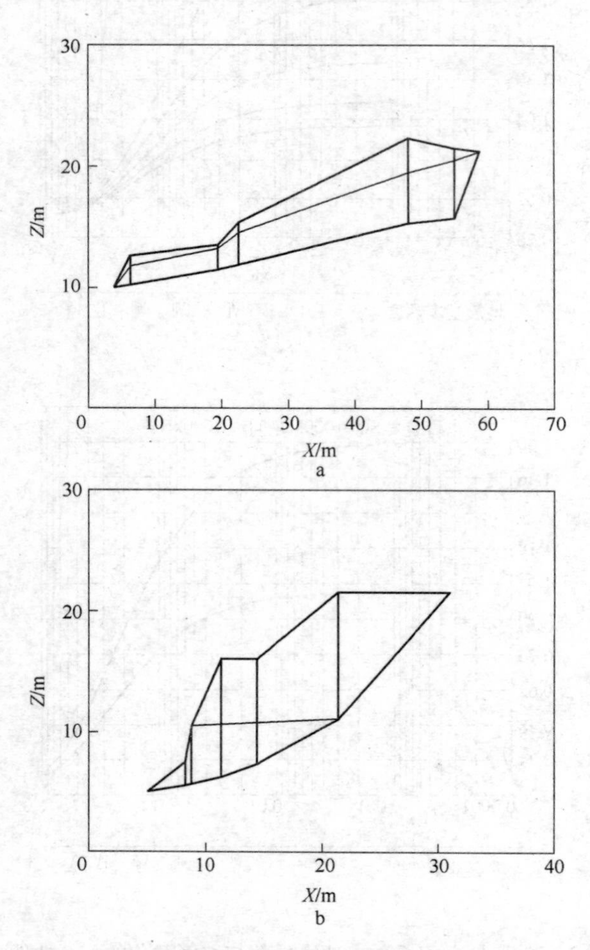

图 3-56 DH3 剖面边坡工程滑动面计算力学模型图

a—前滑面 N_1；b—后滑面 N_2

MSARMA 法，经多次反算，并综合现场情况，确定滑体黏聚力为 6.7kPa，内摩擦角为 5.4°。

由 MSARMA 法计算结果（见表 3-10）可知，DH3 现状边坡在无地震及干燥与半干燥状态下边坡稳定系数处在 1.1373 ~ 1.2707，稳定性储备不足，特别是在饱水状态下以及Ⅵ级以上地震情况下，边坡将处于失稳状态。

表 3-10 露天煤矿东部非工作帮南区 DH3 滑坡体稳定性计算结果

边坡类型	滑动面名称	不考虑地震作用			正常状态（排水 75%）考虑地震作用		
		饱水状态	排水 50% 条件	干燥状态	Ⅵ	Ⅶ	Ⅷ
DH3 滑坡	滑面 N_1	1.0226	1.2598	1.2707	1.0351	0.8753	0.6623
	滑面 N_2	1.1003	1.1373	1.1399	1.0511	0.9760	0.8491

B DH3 边坡工程加固设计研究

根据对边坡稳态敏感性分析及加固优化设计分析，考虑Ⅵ级地震、饱水状态及正常状态下，对边坡进行加固设计，DH3 滑坡前滑面 N_1 总加固力为 300kN，倾角 10°，DH3 滑坡后滑面 N_2 总加固力为 600kN，倾角 -30°，对边坡（1/5 ~ 1/2）H 范围边坡采取加固措施，加固设计方案见图 3-46（DH3 滑坡防治工程方案设计剖面图），相关计算结果见表 3-11，经治理加固后，该滑坡处于稳定状态。

表 3-11 不同含水率状态下稳定系数

滑坡体名称	排水率	饱和状态（0%）	正常状态（75%）
DH3 滑面 N_1	稳定系数	1.2680	1.5699
DH3 滑面 N_2	稳定系数	1.5754	1.6238

3.3.5.4 DH4 边坡稳态分析及加固方案设计

A DH4 边坡稳定性分析

根据 DH4 剖面边坡工程岩体结构和地形特征，进行滑动面的稳定性分析和加固设计，边坡工程力学模型如图 3-57 所示。采用

MSARMA 法，经多次反算，并综合现场实际情况，确定滑坡体黏聚力为 9.2kPa，摩擦角为 8.8°。

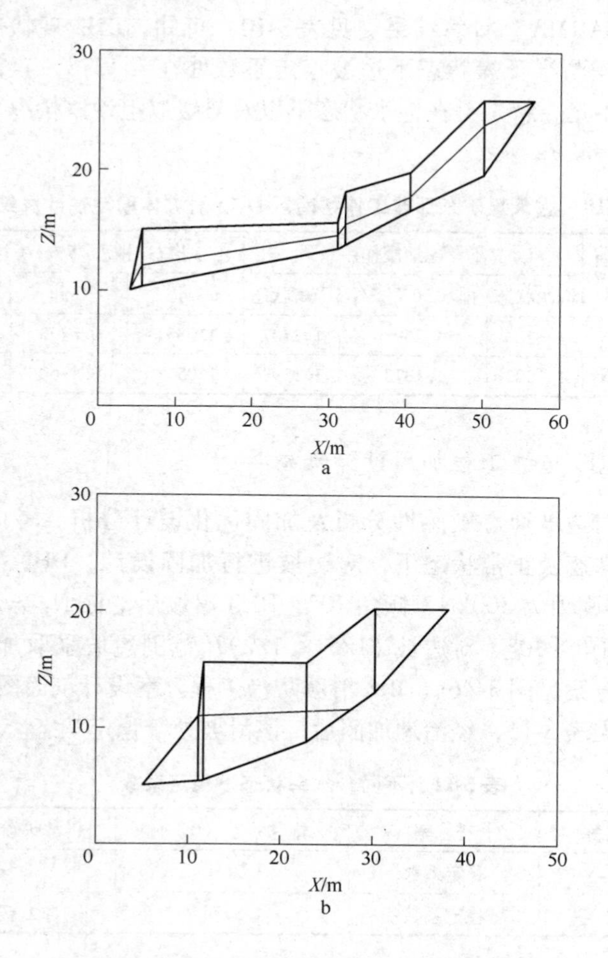

图 3-57　DH4 剖面边坡工程滑动面计算力学模型图
a—前滑面 N_1；b—后滑面 N_2

由 MSARMA 法计算结果（见表 3-12）可知，DH4 现状边坡在无地震及干燥与半干燥状态下边坡稳定系数处在 1.0072 ~ 1.1455，稳定性储备不足，特别是在饱水状态下以及Ⅵ级以上地震情况下，边坡将处于失稳状态。

表 3-12 露天煤矿东部非工作帮南区 DH4 滑坡体稳定性计算结果

边坡类型	滑动面名称	不考虑地震作用			正常状态（排水 75%）考虑地震作用		
		饱水状态	排水 50% 条件	干燥状态	Ⅵ	Ⅶ	Ⅷ
DH4 滑坡	滑面 N_1	1.0072	1.1142	1.1455	1.0069	0.9001	0.7378
	滑面 N_2	1.2507	1.3148	1.3277	1.2021	1.0999	0.9356

B DH4 边坡工程加固设计研究

根据对边坡稳态敏感性分析及加固优化设计分析，考虑Ⅵ级地震、饱水状态及正常状态下，对边坡进行加固设计，DH4 滑坡滑面 N_1 总加固力为 500kN，倾角 0°，DH4 滑坡滑面 N_2 总加固力为 300kN，倾角 10°，对边坡 $1/5H$ 范围边坡采取加固措施，加固设计方案见图 3-47（DH4 滑坡防治工程方案设计剖面图），相关计算结果见表 3-13，经治理加固后，该滑坡处于稳定状态。

表 3-13 不同含水率状态下稳定系数

滑坡体名称	排水率	饱和状态（0%）	正常状态（75%）
DH4 滑面 N_1	稳定系数	1.5648	1.7739
DH4 滑面 N_2	稳定系数	1.4379	1.5221

3.3.5.5 BH1 边坡稳态分析及加固方案设计

A BH1 边坡稳定性分析

根据 BH1 剖面边坡工程岩体结构和地形特征，进行滑动面的稳定性分析和加固设计，边坡工程力学模型如图 3-58 所示。试验确定滑带黏土黏聚力为 14.77kPa，摩擦角为 13.21°。目前边坡已经处于暂时稳定状态，取其稳定系数为 1，采用 MSARMA 法反算，并综合现场实际情况，确定滑坡体黏聚力为 14kPa，摩擦角为 13.5°。

由 MSARMA 法计算结果（见表 3-14）可知，BH1 现状边坡在无地震及干燥与半干燥状态下边坡稳定系数处在 1.1770～1.4708，稳

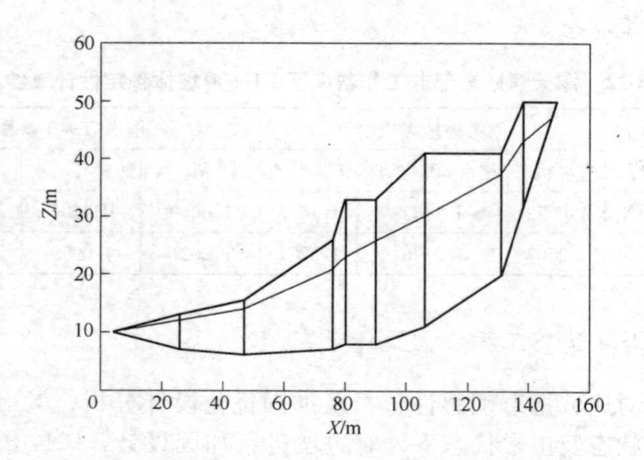

图 3-58　BH1 剖面边坡工程滑动面计算力学模型图

定性储备不足，特别是在饱水状态下以及Ⅵ级以上地震情况下，边坡将处于失稳状态。

表 3-14　露天煤矿东部非工作帮南区 BH1 滑坡体稳定性计算结果

边坡类型	不考虑地震作用			正常状态(排水 75%)考虑地震作用		
	饱水状态	排水 50% 条件	干燥状态	Ⅵ	Ⅶ	Ⅷ
BH1 滑坡	1.0070	1.1770	1.4708	1.1728	1.0445	0.8515

B　BH1 边坡工程加固设计研究

根据对边坡稳态敏感性分析及加固优化设计分析，考虑Ⅵ级地震、饱水状态及正常状态下，对边坡进行加固设计，BH1 滑面总加固力为 3000kN，倾角 10°，对边坡 1/5*H* 范围边坡采取加固措施，加固设计方案见图 3-48（BH1 滑坡防治工程方案设计剖面图），相关计算结果见表 3-15，经治理加固后，该滑坡处于稳定状态。

表 3-15　不同含水率状态下稳定系数

滑坡体名称	排水率	饱和状态（0%）	正常状态（75%）
BH1 滑面	稳定系数	1.1616	1.5340

3.3.5.6 重要工程区边坡稳态分析及加固方案设计

A 重要工程区边坡稳定性分析

根据重要工程区南端帮剖面边坡工程岩体结构和地形特征，进行滑动面的稳定性分析和加固设计，边坡工程力学模型如图3-59所示。采用MSARMA法经多次反算，并综合现场实际情况，确定滑坡体黏聚力为14kPa，摩擦角为13.5°。

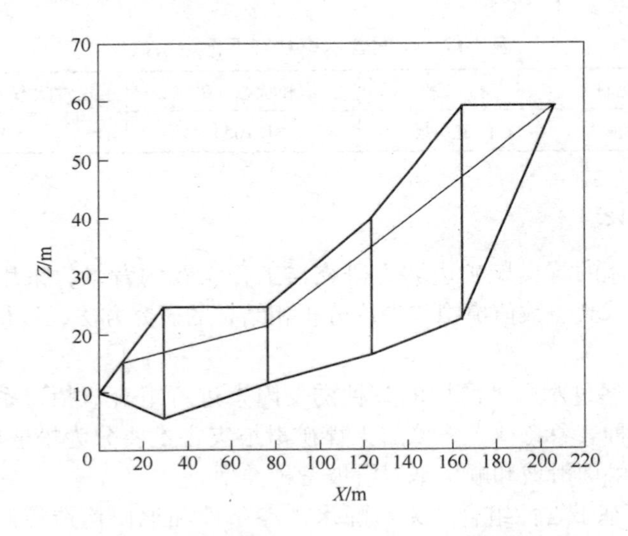

图3-59 重要工程区剖面滑动面计算力学模型图

由MSARMA法计算结果(见表3-16)可知，重要工程区南端帮现状边坡在无地震及干燥与半干燥状态下边坡稳定系数处在1.2485～1.5343，可以满足稳定性要求，但是在饱水状态下以及Ⅵ级以上地震情况下，边坡将处于失稳状态。

表3-16 露天煤矿重要工程区南端帮滑坡体稳定性计算结果

边坡类型	不考虑地震作用			正常状态(排水75%)考虑地震作用		
	饱水状态	排水50%条件	干燥状态	Ⅵ	Ⅶ	Ⅷ
南端滑坡	1.0242	1.2485	1.5343	1.2630	1.1108	0.8902

B 重要工程区南端帮边坡工程加固设计研究

根据对边坡稳态敏感性分析及加固优化设计分析，考虑Ⅵ级地震、饱水状态及正常状态下，对边坡进行加固设计，重要工程区南端帮滑面总加固力为3000kN，倾角20°，对边坡（1/5 ~ 1/2）H 范围边坡采取加固措施，加固设计方案见图3-49（重要工程区南端帮边坡加固工程方案设计剖面图），相关计算结果见表3-17，经治理加固后，该滑坡处于稳定状态。

表3-17 不同含水率状态下稳定系数

滑坡体名称	排水率	饱和状态（0%）	正常状态（75%）
南端滑面	稳定系数	1.1653	1.5080

3.4 结论

以具体的露天煤矿边坡为研究与工程实践的背景，采用现场调查、室内试验、数值模拟与理论分析相结合的研究方法，取得了一些研究成果。

（1）通过对产生滑坡的各种诱发因素进行组合概括，系统分析滑坡的各种表象特征，将该露天煤矿滑坡灾害主要分为松散层滑坡、沿基岩接触面滑坡和顺层基岩滑坡三种类型。

（2）基于岩性组合关系、降水入渗条件和地质构造控制等，对东南帮滑坡（DH1）、非工作帮滑坡（DH2、DH3 和 DH4）与北端帮滑坡（BH1）的机理进行了工程地质分析，揭示了露天煤矿滑坡灾变的内外作用规律。

（3）采用非线性大变形有限差分软件FLAC，分别对概化的干燥条件和雨水入渗条件下的第四系松散体边坡，进行了滑坡灾变演化过程数值模拟分析，得出该类型边坡滑坡表现为上缘拉裂、中部锁固和下缘滑移剪出的三段式灾变演化模式；对上软下硬沿接触面滑坡进行数值分析得出，该类型边坡滑坡灾变演化模式呈现为沿软弱接触面蠕滑、带动上部软体沉陷，而后导致整体滑移破坏。

（4）应用离散元软件UDEC，对南端帮缓倾斜顺层边坡进行了地质力学概化和数值模拟分析，得出该类边坡滑坡灾变演化过程可分为四个变形阶段：卸荷-蠕滑阶段、蠕滑-拉裂阶段、剪断-贯通阶段和整体下滑阶段。

（5）分别对DH1滑坡、DH2滑坡、DH3滑坡、DH4滑坡和BH1滑坡，制定了具体的滑坡防治设计。对潜在滑坡区和重要工程区也分别制订了有效的滑坡防治方案，并对重要工程区的滑坡防治提出了有针对性的工程措施。

（6）应用改进的MSARMA设计分析系统，分别对DH1、DH2、DH3、DH4、BH1和南端帮边坡进行了黏聚力和内摩擦角的反演计算，对各个边坡进行加固设计，并对加固后的边坡进行了饱水和正常状态加固效果的评价分析。

露天矿边坡滑坡灾变预测研究

露天边坡平衡状态的丧失，一般总是先出现裂缝，然后裂缝渐进扩大至坡体处于极限平衡状态，这时稍受外力扰动，就会发生滑坡等不良地质现象。因此，充分利用滑坡裂缝的变形数据判断边坡滑坡的危害程度和时间等具有重要意义。本章利用观测的边坡位移数据，将灰色理论模型与非线性突变理论结合建立了露天边坡的滑坡灾变预测方法，对露天矿边坡滑坡进行预测预报。

4.1 边坡监测方法

边坡监测的各种类型及监测内容如表4-1所列。

表4-1 边坡监测内容

序号	监测项目	监测内容
1	裂缝监测	（1）地表裂缝监测； （2）建筑物柱无裂缝监测
2	位移监测	（1）地表位移监测； （2）地下位移监测
3	滑动面监测	滑动面位置测定
4	地表水监测	（1）自然沟水的监测； （2）河、湖、水库水位观测； （3）湿地观测
5	地下水监测	（1）钻孔、井水的观测； （2）泉水监测； （3）孔隙水压力监测
6	降水量监测	降雨量、降雪量监测
7	应力监测	滑带应力监测、建筑物受力监测
8	宏观变形迹象监测	

本章主要是利用观测的边坡位移数据，将灰色理论模型与非线性突变理论结合，建立露天边坡的滑坡灾变预测方法。因此简单介绍一下位移监测方法，主要包括：地面位移监测、地下位移和滑动面监测。

4.1.1 地面位移监测

4.1.1.1 地面倾斜仪监测

当山坡上对变形反应比较敏感的建筑物等已经出现裂缝和变形，但滑坡边界裂缝尚不明显、滑坡范围不清楚时，或对滑坡的影响和扩展范围需作了解时，可用地面斜坡仪进行观测。它精度高、反应灵敏，可测出地面的倾斜方向和倾斜角度。

最简单的倾斜仪是一个水准管，放置在测点的混凝土基座上，混凝土基座埋入土中不少于0.6m。由一端的螺旋将气泡调平测出倾斜变化。一个测点上应互相垂直放置两台单管倾斜仪，以便测出倾斜的矢量方向。

4.1.1.2 地表观测网监测

这是一种传统的监测方法，即在滑坡区（包括其可能扩大的范围）设置若干个观测窗（临时短期观测可用木桩，长期观测应用混凝土桩），构成若干条观测线，形成观测网。每一观测线的两端，在稳定体上设置镜桩、照准桩及其护桩。用精密经纬仪测出各桩垂直观测线方向的位移值，用水平仪找平测出各桩的升降值，即可控制各观测桩在三维空间的位移量和位移方向。

4.1.1.3 GPS监测滑坡位移

随着航天技术和计算机技术的发展，利用多个卫星测定地表固定点和监测点三维坐标的技术和精度有了很大提高。因此近20年来，利用全球定位系统，即GPS技术监测滑坡位移也有了很大发展。西班牙的Josep. A. Gill等利用GPS技术监测了西班牙比利牛斯山脉东部Vallcebre滑坡，并与传统的全站仪监测做了比较，其精度可达到毫米级。中国科学院成都山地灾害与环境研究所李爱农等在四川雅安市峡口滑坡上也进行了GPS监测应用，国土资源部在长江三峡一些滑坡上也开展了GPS技术监测滑坡位移的研究。与传统的监测方法相比，GPS技术具有覆盖面广、速度快、全天候、可连续、同步、全自动监测的优点，在滑坡移动速度较快时，监测人员不必进入滑坡体也能实时监测，保证了人员安全。因此这是一项有发展前景的监测方法。

采用GPS定位技术进行边坡变形监测具有以下优点：

（1）观测不受气候条件限制，可进行全天候监测；

（2）可同时进行平面位移及垂直位移监测；

（3）可进行长期连续监测，不会漏过危险的变形信息；

（4）从数据采集、数据处理到数据分析，管理全过程易于实现全自动化。

采用GPS定位技术进行边坡变形监测具有以下不足：

（1）监测点的数据量很多，如果全部进行长期连续自动化监测，需要大量的GPS接收机；

（2）GPS接收机等设备在野外无人值守的房内，安全难以得到保证。

GPS技术是利用空间卫星确定监测点的坐标，因此一般要求不少于四颗卫星，卫星数目越多，监测精度越高。但利用卫星越多，其费用也越高，只有同时对多个滑坡、多点监测时才比较经济。

4.1.2 地下位移和滑动面监测

理论上假定滑坡为整体位移，实际上它随滑体的结构而异，板状顺层岩石滑动，或滑体相对密实、含水较少的滑体多整体位移，滑动面至地面各点位移量基本相同或非常接近。旋转滑动、滑体含水量较高者，滑体内的位移和地面常不一致。更重要的是人们十分关心滑动面位置的测定，因为仅靠地质上钻孔岩芯的鉴定和分析，对位移较小的滑坡，很难判定是哪一层在动，滑动面判定不准，不是造成浪费，就是造成工程失败。这就使人们对地下位移监测产生了兴趣。

4.1.2.1 简单地下位移监测

A 塑料管-钢棒监测法

在钻孔中埋入塑料管（联结要光滑）到预计滑动面以下 3 ~5m，然后定期用直径略小于管内径的钢棒放入管中测量。当滑坡位移将塑料管挤弯时，钢棒在滑面处被阻就可以测出滑动面的位置。这种方法只能测出上层滑动面的位置。当滑动面多于两层时，可以事先放一棒在孔底，用提升的方法测下层滑带的位置。

B 变形井监测

为了观测地面以下各点的位移，可以利用勘探井，在井中放置一串叠置的井圈（混凝土圈或钢圈）。圈外充填密实。从地面上向井底稳定层吊一垂球作观测基线。当各个圈随滑坡位移而变位时，即可测出不同深度各圈的位移量，并可判定滑动面的位置。

4.1.2.2 应变管监测

日本人最早将应变管用于监测滑坡的地下位移和滑动面位置。所谓应变管，就是将电阻应变片粘贴于硬质聚氯乙烯管或金属管上，埋入钻孔中，管外充填密实，管随滑坡位移而变形，电阻应变片的电阻值也跟着变化，由此分析判断出地下位移和滑动面的位置。

4.1.2.3 固定式钻孔测斜仪监测

从 20 世纪 50 年代开始人们就着手研制测斜仪，以便下入钻孔中测定土体的侧向位移。先后出现过多种形式，目前较多采用的有 3 种：

（1）惠斯登电桥摆锤式。由一个单摆在阻力线圈中作磁性阻尼摆动，把角度变成电信号。一个探头测一个平面方向的变化。

（2）应变计式。摆锤上部的刚性薄片上贴电阻应变片或振动弦应变计进行角度变化测量，仍是变为电信号。一个探头测一个平面方向的变化。

(3) 加速度计式。一个封闭环伺服加速度计电路。一个探头在一个平面内测量。一般每套（双轴的）用两个探头。

4.1.2.4 活动式测斜仪监测

活动式测斜仪是把槽形管埋入钻孔，管外用灌浆或填砂固定后，不把测斜仪探头固定孔中，而是用一电缆和一个探头连接，在钻孔中固定深度（如每隔0.5m或0.25m）两个方向进行倾斜测定，以便求出合位移的方向。以滑动面以下稳定地层中某点为参照点，以上每点的位移Δ为:

$$\Delta = l\sin\theta$$

式中 l——两测点间距离，m;

θ——倾斜角度变化值，(°)。

累计位移为:

$$D = \Sigma l\sin\theta$$

这种仪器的最大优点是一台仪器可以多孔、多点使用，而且用干电池充电，无交流电的山区也可使用。缺点是测定位置在不同测次总不能很好重合，因而要求管槽加工必须精细，管节连接光滑，埋设减少扭曲，测定时严格控制尺寸。管子的扭曲可能高达18°。

这种仪器的测角范围为±30°~90°，误差为18弧秒，一般为1/10000，即33m长的管子，精度±1.3~2.5mm。实际监测误差30m深的钻孔约为5mm。

4.1.2.5 拉线式地下位移监测（多点位移计）

这也是一种简易观测方法。在钻孔中，从可能滑动面以下到地面设置若干个固定点，间距2~3m，每一点用一根钢丝拉出孔外，并固定在孔口观测架上，分别用重锤或弹簧拉紧。观测架上设有标尺，可测定每一钢丝伸长或缩短的距离，即表示孔内点的位移。为防各钢丝在孔中互相缠绕，每3m设一架线环，即一块金属板上钻若干孔，将钢丝穿入孔中定位。

4.1.2.6 TDR 技术探测滑坡的滑动面

TDR（Time Domain Reflectometry）称为时间域反射测试技术，是一种电子测量技术。早在20世纪30年代，美国人已将其应用于检测通讯电缆的通断情况，至80年代初将其应用于工程地质勘察和测量工作，尤其在煤田地质方面应用，用于监测地下煤层和岩层的变形和位移，90年代中期美国研究人员将其应用于滑坡等变形监测。国内应用才刚刚开始。

4.2 边坡变形监测数据的灰色理论分析方法

灰色理论（Grey theory）是20世纪80年代初，我国邓聚龙教授提出的，旨在解决那些信息部分已知、部分未知的系统。未知的或非确知的信息我们称为黑色的，已知信息称为白色的。系统中既有已知信息又含有未知的非确知信息，称为灰色系统。严格地说，“白”是相对的，“灰”是绝对的，这就是所谓的“灰不灭性定律”。由此说来，如果我们将露天矿边坡视为一个系统的话，那么，这个就是灰色系统。

灰色预测就是根据灰色系统行为特征数据，来辨识和寻找系统内部潜在的本质规律，进而对其连续发展变化进行预测的方法。其优点是所需样本数据少，易于现场快速响应预测。边坡变形系统属于灰色系统，可以用灰色系统理论中的一些方法来解决边坡变形的预测问题。传统的灰色GM(1,1)模型由于原理简单，方法容易，特别是对数据序列的长度没有太大的限制，因而在岩土工程等领域得到了广泛的应用。

4.2.1 露天矿边坡变形灰色预测模型的构建

4.2.1.1 传统的全数据GM(1,1)模型

作为数据预报，灰色系统的基本思路是：把随时间而变化的一随机数据列（边坡变形值），通过适当方式的累加，使之变为一非负的

数据列。用适当的曲线逼近，以此曲线作为预报模型，对系统进行预报。通常用作预报的模型为 GM(1,1)模型。其基本原理为：

（1）设一原始监测数据序列 $x^{(0)} = \{x_{(1)}^{(0)}, x_{(2)}^{(0)}, x_{(3)}^{(0)}, \cdots, x_{(n)}^{(0)}\}$，进行级比检验、建模可行性判断。若不可行，进行数据变换处理。

（2）由于 $x^{(0)}$ 数列可能是不规则的，或带有一定的随机性，为使其规律性增强，作如下累加生成变换：

$$x^{(1)}(t) = \sum_{k=1}^{t} x^{(0)}(k) \quad (t = 1,2,\cdots,n)$$

（3）$x^{(1)}(t)$ 满足方程 $\frac{\mathrm{d}x^{(1)}(t)}{\mathrm{d}t} + ax^{(1)}(t) = b$（$a$、$b$ 为与 $x^{(0)}(t)$ 有关的常数），其解的离散形式为：

$$\dot{x}^{(1)}(t) = \left(x_{(1)}^{(0)} - \frac{b}{a}\right)e^{-a(t-1)} + \frac{b}{a}$$

（4）把 $x^{(1)}(t)$ 还原为 $x^{(0)}(t)$：

$$\left.\begin{aligned} \dot{x}_{(t)}^{(0)} &= \dot{x}_{(t)}^{(1)} - \dot{x}_{(t-1)}^{(1)} = \left(x_{(1)}^{(0)} - \frac{b}{a} - x_{(1)}^{(0)}e^{a} + \frac{b}{a}e^{a}\right)e^{-a(t-1)} \\ &= Ae^{-a(t-1)} \quad (t > 1) \\ \dot{x}_{(1)}^{(0)} &= x_{(1)}^{(0)} \quad (t = 1) \end{aligned}\right\}$$

式中 A——常数。

4.2.1.2 露天边坡灰色预测模型的构建

传统的 GM(1,1)模型适用于模拟预报单调增加或单调减少的指数序列。如果实际序列离指数规律相差越远，应用 GM(1,1)模型的模拟结果与实际相差就越大。根据日本学者斋滕迪孝的研究，自然边坡变形破坏的动态发展规律一般可分为 4 个阶段，即（1）孕育发展阶段；（2）匀加速变形阶段；（3）匀速变形阶段；（4）急剧变形-破坏阶段，其变形过程通常如图 4-1 变形-时间曲线所示。

从运动学和数学的观点出发，该类变形规律往往可以用以下方程

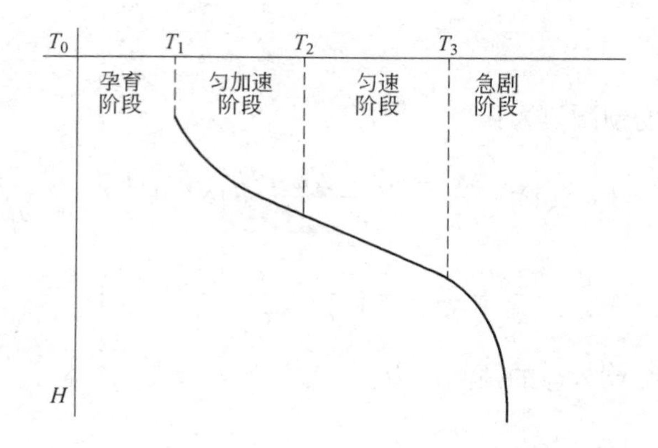

图 4-1 边坡变形破坏的规律曲线

描述：

$$x^{(0)}(t) = A + Bt + Ct^2 + Ee^{Dt} \tag{4-1}$$

式中，$x^{(0)}(t)$为变形时间序列数据；$A + Bt$ 为描述匀速直线变形部分；Ct^2 为描述匀加速变形；Ee^{Dt}为描述非匀加（减）速变形。

上述模型也可解释为：滑坡变形-时间曲线是二次曲线和指数曲线组合。显然，它优于仅用二次曲线或只用指数曲线进行数据拟合。因此，构造解为二次多项式与指数项之和的微分方程，可较好地用于边坡变形预测。

根据以上分析构造以下微分方程：

$$\frac{\mathrm{d}x^{(1)}(t+1)}{\mathrm{d}t} + ax^{(1)}(t+1) = bt^3 + ct^2 + dt + s \tag{4-2}$$

其解为：

$$x^{(1)}(t+1) = \frac{1}{a}(bt^3 + ct^2 + dt + s) - \frac{1}{a^2}(3bt^2 + 2ct + d) + \frac{1}{a^3}(6bt + 2c) - \frac{6b}{a^4} + ke^{-at}$$

当 $t = 0$ 时，利用 $x^{(1)}(1) = x^{(0)}(1)$可得：

$$k = x^{(0)}(1) - \frac{s}{a} + \frac{d}{a^2} - \frac{2c}{a^3} + \frac{6b}{a^4}$$

则 $x^{(1)}(t)$ 的预测值为：

$$\dot{x}^{(1)}(t+1) = \left[x^{(0)}(1) - \frac{sa^3 - da^2 + 2ca + 6b}{a^4}\right]e^{-at} + \frac{b}{a}t^3 + (\frac{c}{a} - \frac{3b}{a^2})t^2 + \left(\frac{d}{a} - \frac{2c}{a^2} + \frac{6b}{a^3}\right)t + \left(\frac{s}{a} - \frac{d}{a^2} + \frac{2c}{a^3} - \frac{6b}{a^4}\right)$$

其还原函数 $x^{(0)}(t)$ 的预测值为：

$$\begin{aligned}\dot{x}^{(0)}(t+1) &= \dot{x}^{(1)}(t+1) - \dot{x}^{(1)}(t) \\ &= (1-e^{a})\left[x^{(0)}(1) - \frac{sa^3 - da^2 + 2ca + 6b}{a^4}\right]e^{-at} + \frac{3b}{a}t^2 + \\ &\quad \frac{2ac - 3ab - 6b}{a^2}t + \frac{b-c+d}{a} + \frac{3b-2c}{a^2} + \frac{6b}{a^3}\end{aligned} \tag{4-3}$$

即：

$$\dot{x}^{(0)}(t+1) = Ae^{-at} + Bt^2 + Ct + D \tag{4-4}$$

可见式 4-4 与式 4-1 具有相同的形式，因此，用式 4-2 建模可预测滑坡变形。将式 4-2 改写为：

$$-ax^{(1)}(t+1) + bt^3 + ct^2 + \mathrm{d}t + s = \frac{\mathrm{d}x^{(1)}(t+1)}{\mathrm{d}t}$$

即：

$$\begin{bmatrix}-x^{(1)}(t+1) & t^3 & t^2 & t & 1\end{bmatrix}\begin{bmatrix}a\\b\\c\\d\\e\end{bmatrix} = \frac{\mathrm{d}x(t+1)}{\mathrm{d}t}$$

$$\begin{bmatrix} -x^{(1)}(2) & 1 & 1 & 1 & 1 \\ -x^{(1)}(3) & 2^3 & 2^2 & 2 & 1 \\ -x^{(1)}(4) & 3^3 & 3^2 & 3 & 1 \\ \vdots & \vdots & \vdots & \vdots & \vdots \\ -x^{(1)}(N) & (N-1)^3 & (N-1)^2 & N-1 & 1 \end{bmatrix} \begin{bmatrix} a \\ b \\ c \\ d \\ e \end{bmatrix} = \begin{bmatrix} \dfrac{\mathrm{d}x^{(1)}(2)}{\mathrm{d}t} \\ \dfrac{\mathrm{d}x^{(1)}(3)}{\mathrm{d}t} \\ \vdots \\ \dfrac{\mathrm{d}x^{(1)}(N)}{\mathrm{d}t} \end{bmatrix} \tag{4-5}$$

式中 $\dfrac{\mathrm{d}x^{(1)}(t)}{\mathrm{d}t} = \dfrac{1}{2}[x^{(0)}(t+1) + x^{(0)}(t)]$；

$x^{(1)}(t+1)$——背景值，并有：

$$x^{(1)}(t+1) = \frac{1}{2}[x^{(1)}(t+1) + x^{(1)}(t)] \tag{4-6}$$

4.2.1.3 灰色预测模型的背景值修正计算法

从式 4-6 知，构造的露天边坡变形预测模型的背景值仍然采用传统 GM(1,1)模型的计算方式，$x^{(1)}(t+1)$ 是$[k,k+1]$这段时间内的背景值（见图 4-2）。公式 4-6 是一个平滑公式，当时间间隔很小、序列数据变化平缓（低增长指数情况）时，这样构造的背景值是合适的，模型偏差较小；但当序列数据变化急剧（高增长指数情况）时，这样构造出来的背景值往往产生较大的滞后误差，模型偏差较大，因而在一定程度上影响了灰色系统理论的应用。

由于原始序列仅是一些离散点的数据，实际曲线 $x^{(1)}(t)$ 未知，因而区间 $[k, k+1]$ 的实际面积未知。基于这一种情况，背景值修正基本思路为：将区间$[k,k+1]$等分为 n 个小区间，用这 n 个小区间的面积之和近似作为实际面积。当 n 较小时，n 个小区间面积之和小于实际面积；当 n 较大时，n 个小区间面积之和会大于实际面积。因此，随着 n 由小向大变化，这 n 个小区间面积之和由小于实际面积向大于实际面积值变化。在这个变化中，理论上存在一个 n 值（可以不是整数）会使得这 n 个小区间的面积和等于实际面积。那么将

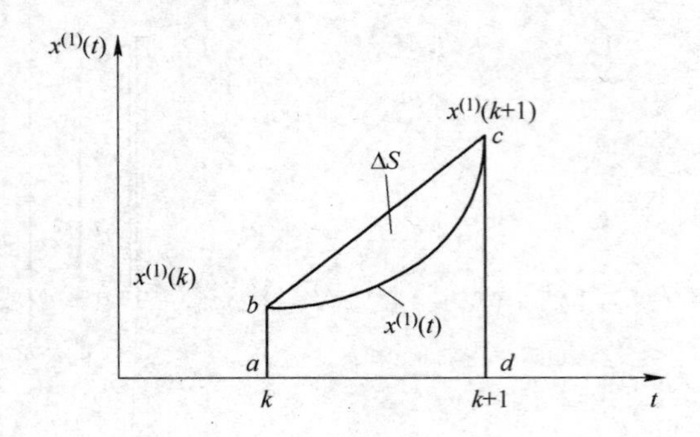

图 4-2　背景值构造方法示意图

对应这个 n 值的小面积之和作为式 4-6 中的 $x^{(1)}(t+1)$，将使 GM(1,1)模型偏差最小，拟合和预测精度最高。根据文献可知 $x^{(1)}(t+1)$ 的表达式为：

$$x^{(1)}(t+1) = S_n = \frac{1}{2n}[(n+1)x^{(1)}(t) + (n-1)x^{(1)}(t+1)],$$

$$n = 2,3,\cdots, \tag{4-7}$$

其中 n 为：

$$n = (\sum_{i=2}^{N} R_i)^{\frac{1}{N-1}} + (N-1) \tag{4-8}$$

$$R_i = x^{(1)}(i)/x^{(1)}(i-1), i = 2,3,\cdots,N$$

式中　N——序列长度（原始建模数据个数）。

从公式 4-8 看，n 值与建模序列长度 N 和序列一次累加值 $x^{(1)}(t)$（$t=1, 2, \cdots, N$）有关。用公式 4-8 所得 n 值，按公式 4-7 确定出背景值。将背景值代入式 4-5，可计算 a、b、c、d、s 的值，然后代入式 4-3 可求的预测模型 $\hat{x}^{(0)}(t+1)$。

4.2.1.4　灰色预测模型运算优化方法——新陈代谢法

对一个系统来说，随时间的推移，未来的一些扰动因素将不断地进入系统而对系统施加影响。灰色预测模型虽可以进行长期预测，但从灰平面上看，只有最近的几个数据具有实际意义且精度最高，新陈代谢方法可以很好地改善这种情况。通过边坡灰色模型预测下一值，然后把这个预测值补充到已知序列之后，同时去掉第一个数据，保持数列等维，接着建立灰色预测模型，预测下一值，如此逐步预测，依次递补，直到完成预测目标或达到要求预测的精度为止。

4.2.2 预测模型的检验

一般说来，监测值 $x_{(t)}^{(0)}$ 与预测值 $\dot{x}_{(t)}^{(0)}$ 之间会有一定的差异，那么这种差异性是否显著呢？换句话说预测值 $\dot{x}_{(t)}^{(0)}$ 是否可信的问题。所以需要对所建立模型进行可靠性检验。这里采用两种数理统计检验方法共同检验。

4.2.2.1 *t* 检验方法

（1）计算每对 $\dot{x}_{(t)}^{(0)}$ 和 $x_{(t)}^{(0)}$ 之间的残差：

$$\varepsilon_t = \dot{x}_{(t)}^{(0)} - x_{(t)}^{(0)} \tag{4-9}$$

（2）计算残差均值：

$$\dot{\varepsilon} = \frac{1}{N}\sum_{t=1}^{N}\varepsilon_t \tag{4-10}$$

（3）计算残差均方差，亦即预测中误差：

$$\dot{s}_1 = \sqrt{\frac{1}{N-1}\sum_{t=1}^{N}(\varepsilon_t - \dot{\varepsilon})^2} \tag{4-11}$$

（4）计算 *t* 检验值：

$$t = \frac{\dot{\varepsilon} - \varepsilon_0}{\dot{s}_1}\sqrt{N} \tag{4-12}$$

式 4-12 中，N 为参算的 $x_{(t)}^{(0)}$ 样本个数，ε_0 为残差真值，显然它应为零，故式 4-12 可简化为：

$$t = \frac{\dot{\varepsilon}}{\dot{s}_1}\sqrt{N} \tag{4-13}$$

选取 t 检验用的显著水平 α，根据 α 和自由度 $N-1$ 查取 t 检验双尾分位值 $t_{\alpha/2}$。若由式 4-13 计算的 $|t| < t_{\alpha/2}$，则认为 $x_{(t)}^{(0)}$ 与 $\dot{x}_{(t)}^{(0)}$ 之间无显著差异，亦即所建边坡灰色预测模型可信。

4.2.2.2 后验差检验法

（1）计算每对 $x_{(t)}^{(0)}$ 与 $\dot{x}_{(t)}^{(0)}$ 之间的残差均方差 $\dot{s}_1$。具体计算过程与式 4-9 ~ 式 4-11 相同。计算样本均值：

$$\dot{x}_{(t)}^{(0)} = \frac{1}{N}\sum_{t=1}^{N} x_{(t)}^{(0)} \tag{4-14}$$

（2）计算原始样本数据的均方差：

$$\bar{s}_2 = \sqrt{\frac{1}{N-1}\sum_{t=1}^{N}(x_{(t)}^{(0)} - \dot{x}_{(t)}^{(0)})^2} \tag{4-15}$$

（3）计算后验比值：

$$c = \frac{\dot{s}_1}{\dot{s}_2} \tag{4-16}$$

c 值越小预测模型越好，c 小预示着 $\bar{s}_1$ 小 $\bar{s}_2$ 大，$\bar{s}_1$ 小表示预测误差离散度小，$\bar{s}_2$ 大表示原始样本数据离散性大。若尽管原始数据离散性大，而预测值离散性仍然不大，则说明预测效果显然较好。邓聚龙（1987）给出了据 c 值来评判所建模型好坏的准则，即：若 $c < 0.35$，则预测模型好；若 $c < 0.5$，则预测模型勉强；若 $c \geqslant 0.65$，则预测模型不合格。

4.3 边坡滑坡突变模型与失稳机制

边坡滑坡灾变是一个由内、外因素相互影响，由渐变到突变、由量变到质变的转变体系，是一种非线性演化、非连续变化现象，而突变是最后破坏的前兆。突变理论是研究不连续现象的一个新兴的数学分支，其主要方法是将各种现象归纳到不同类别的拓扑结构中，讨论各类临界点附近的非连续性态特征，从而有效地解决光滑系统中可能出现的突变问题。突变理论适合于描述系统中控制参量连续变化而导致系统状态突变的过程。

自然界中的大多数灾变现象的共同特征是在外部和内部因素变化的影响下系统的状态会发生一定程度的演化，在一定条件下这种演化是稳定、连续、渐变的，但是当外部和内部因素变化到某种临界程度或进入某些临界范围时，系统的演化行为不再是连续、稳定、渐变的，而表现为在临界点（条件）附近的大跳跃、大变迁、大动乱。此时系统表现为内、外因素都无法控制的有非连续性特征的灾变现象。这种共同特征可以采用突变理论描述，因此可以利用突变理论对各种灾变现象进行高层次的、本质性的研究。突变理论目前主要用于解决边坡滑移、地震突发、采场崩塌以及岩爆等突出不连续现象的非线性问题。

突变理论中力学范围内应用最广的是尖点突变。它具有两个控制变量和一个状态变量，故相空间是三维的，其势函数的正则函数形式为：

$$v(x) = x^4 + px^2 + qx \tag{4-17}$$

其中 x 为状态变量，p、q 为控制变量，在此处 x 为时间变量。相应 E 所有临界点的集合 M，称为平衡曲面（见图 4-3）。

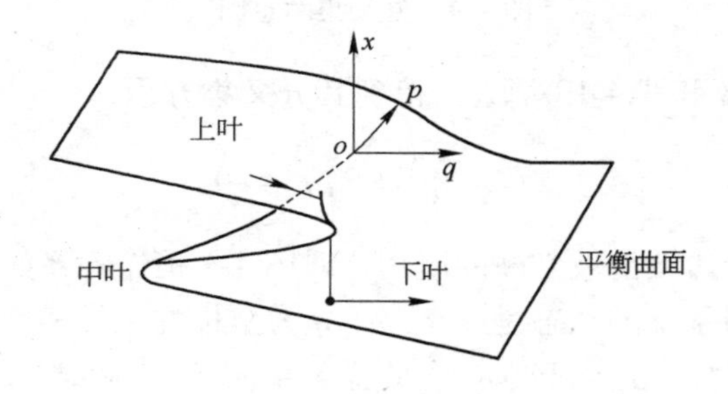

图 4-3 平衡曲面示意图

M 满足：

$$\mathrm{grad}_x V = 4x^3 + 2px + q = 0 \tag{4-18}$$

它在（x，p，q）空间中的图形为一具有皱褶的光滑曲面，因此在不同的区域，平衡位置的数目是不同的。容易证明，对应于中叶的势函数取极大值（即 $\mathrm{grad}_x(\mathrm{grad}_x V) < 0$），相应的平衡位置是不稳定的；而对应于上、下叶的势函数取极小值（即 $\mathrm{grad}_x(\mathrm{grad}_x V) > 0$），相应平衡位置是稳定的。显然，在曲面上有竖直切线的点满足方程：

$$\mathrm{grad}_x(\mathrm{grad}_x V) = 12x^2 + 2p = 0 \tag{4-19}$$

所有在平衡曲面上有竖直切线的点构成状态的突变点集，这些点称为突变点或奇异点，它们在控制变量 p-q 平面上的投影构成分叉集（或称分歧点集），它是所有使得状态变量 x 产生突跳的点的集合（见图 4-4）。分叉集将控制变量平面划分为三部分，即 $F>0$；$F<0$；$F=0$。

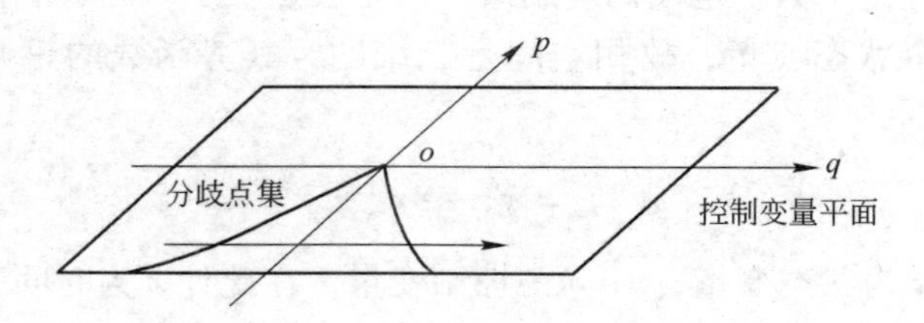

图 4-4　分叉集示意图

由式 4-18 和式 4-19 消去 x 得到其分叉集方程：

$$F = 8p^3 + 27q^2 = 0 \tag{4-20}$$

为了便于边坡滑坡判断的应用，对图 4-3 稍作解释如下：

我们设想系统的状态是以 x，p，q 为坐标的三维相空间中的一相点 P 来代表的，相点 P 必定总是位于由式 4-18 确定的平衡曲面 M 上。事实上，它必定总是位于顶叶或底叶上，因为无论 p，q 沿什么路径，中叶总是不可达的。P 点的位置由贴近控制空间 p-q 平面中的一个点表示。随着控制变量 p 和 q 的变化，这个控制点走出一条叫做控制轨迹的路径。同时，相点 P 沿着直接位于控制轨迹上方的平衡曲面 M 上的一条轨迹移动。p，q 的平稳变化几乎总是引起 x 的平稳变化，仅有的例外是在控制轨迹越过分歧点集（满足式 4-20）时出现。如果相点 P 恰好在曲面折回的边缘上（曲面折回而形成中叶处），由它必定跳跃到另一叶上，这即引起状态 x 的突跳。这样，我们就看到了在由一个光滑的势所控制的系统中如何出现不连续状态。尖点突变模型很好地展示了这些性态，涉及突变理论应用的文献常常要提到它。

通过以上分析，我们可以得出失稳的判别式：

$$F = 8p^3 + 27q^2 \tag{4-21}$$

控制点（p，q）发生变化，相应点在曲面 M 上相应变化，但是当控制点轨迹越过分歧点集 $8p^3 + 27q^2 = 0$ 时，相应点必经过中叶产生跳跃，发生边坡岩体失稳，即：

$F > 0$，　　边坡稳定

$F = 0$，　　边坡处于临界状态

$F < 0$，　　边坡发生滑坡

4.4 边坡滑坡灾变预测方法

利用灰色预测模型方法得到式 4-3：$\dot{x}^{(0)}(t+1) = Ae^{-at} + Bt^2 + Ct + D$，该函数中蕴含着边坡滑动信息，是边坡变形状态信息的表述方式。换句话说，是突变尖点函数 $v(x) = x^4 + px^2 + qx$ 的另外一种表述形式。

现在的问题是如何将灰色预测模型的函数形式转化成突变尖点函数 $v(x) = x^4 + px^2 + qx$ 形式，从而得到 p、q 和 F 值，判断边坡是否失稳。考虑到任何单变量函数均可由 Taylor 公式进行展开，把 $\dot{x}^{(0)}(t+1) = Ae^{-at} + Bt^2 + Ct + D$ 利用 Taylor 级数展开，并截尾至 5 项有：

$$y = \sum_{i=0}^{4} a_i t^i \tag{4-22}$$

其中：$a_i = \left.\frac{\partial^i \gamma}{i!\partial t^i}\right|_{t=0}$

令 $t = a_4^{-1/4}(x - n)$，对式 4-22 进行变量代换化成尖点突变标准形式：

$$v(x) = x^4 + px^2 + qx \tag{4-23}$$

式中：

$$n = a_3/4a_4^{3/4} \tag{4-24}$$

$$p = -6n^2 + a_2/a_4^{1/2} \tag{4-25}$$

$$q = 8n^3 + 2na_2/a_4^{1/2} + a_1/a_4^{1/4} \tag{4-26}$$

根据所得 p、q 值利用式 4-21 可以计算 F 值，预测当前 t 时刻边坡是否稳定。

4.5 边坡滑坡灾变预测方法的工程应用

4.5.1 边坡滑坡灾变预测总体思路

边坡滑坡灾变预测总体思路如图 4-5 所示。

4.5.2 露天矿边坡滑坡地表位移监测点设计

滑坡的演变一般较为复杂，为掌握滑坡的变形规律，研究防治措施，对不同类型的滑坡，应设置滑坡位移观测网进行仪器观测。为了掌握边坡或滑坡的整体变形情况，以东部非工作帮中部（DH_2）为研究区，在东部非工作帮中部建立地表变形监测网络（见图 4-6）。

监测点布置的基本原则是：

（1）监测点应该布置在工程地质条件较复杂，如断层、破碎带、风化带、岩层节理发育等地段；

（2）受地下水和地表水危害较大的地段；

（3）运输枢纽；

（4）已经形成较高的边坡和服务年限较长的地段；

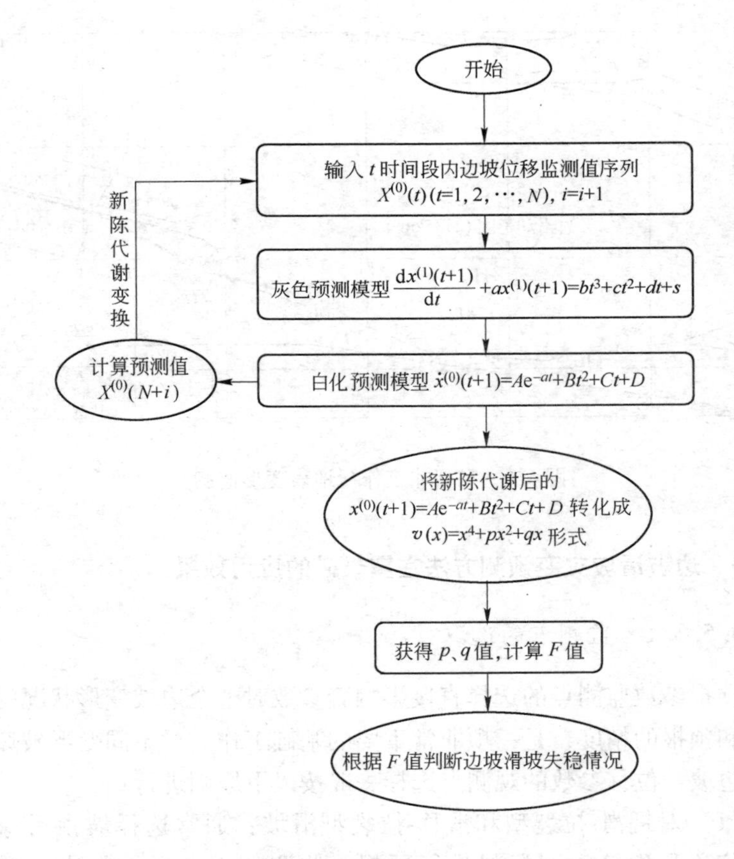

图 4-5　边坡滑坡预测流程图

（5）正在进行边坡治理的地段。

监测线的条数取决于滑坡范围（监测范围）的大小、边坡岩石力学性质变化情况及地质条件的复杂程度。一般在滑体中央部分、沿预计的最大滑动速度方向（多数情况为大致垂直于露天矿边坡走向方向）一条，其两侧布置若干条。每条监测线布 2 ~ 4 个点，2 ~ 3 条监测线距边坡一定位置设一个相对固定点。观测线间距 15 ~ 30m 为宜，桩间距也以 15 ~ 30m 为好，视需要不必等距布设。

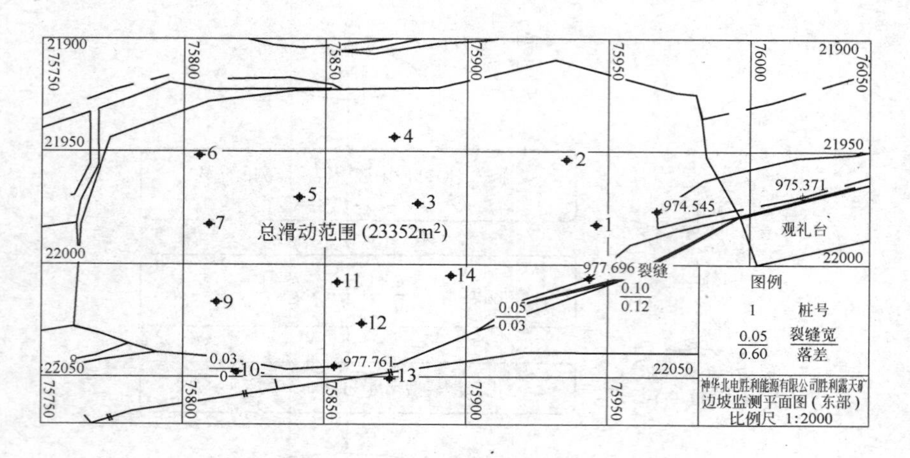

图 4-6 东帮非工作帮地表变形监测

4.5.3 边坡滑坡灾变预测方法在露天矿的应用效果

4.5.3.1 监测点的选取

预报参数监测点的选择直接影响着参数对整个边坡变形状况的代表性和预报的精度，是一项非常重要的基础工作。对不同变形破坏机制的边坡，位移参数的观测点选择一般按以下原则进行：

（1）对蠕滑-拉裂型和滑移-拉裂型滑坡：通常选择坡顶后缘监测点位移和裂缝深度资料进行预报。监测的重点必须围绕拉裂缝进行。

（2）对滑移-弯曲型滑坡：选择前缘弯曲隆起部位监测点的位移资料进行预报，监测重点是隆起部位。顺层边坡位移-弯曲形失稳破坏模型试验表明，坡脚前缘的隆起部位是制约这类边坡稳定性的关键部位。这部分溃屈即意味着整个边坡的失稳。用于此部位的位移监测资料所做的失稳时间预报，与模型实际破坏时间很接近。

以上原则只是适用一般情况，对于露天矿边坡破坏情况看，应重点选择坡顶后缘拉裂缝附近的监测点位移资料和前缘弯曲隆起部位监测点的位移资料进行预报。

4.5.3.2 单个桩点滑落状况的预测

以东部非工作帮14号桩为例检验灾变预测方法预测边坡滑坡的效果。根据灰色理论的特性和滑坡发生情况，研究中所用监测数据选用2007年3月到2007年5月之间的位移监测数据，见表4-2。

表4-2 14号桩位移观测值

观测时间	2007年3月13日	3月16日	3月19日	3月22日	3月25日	3月28日	3月31日	4月3日	4月6日	4月9日
监测值/cm	1.11	1.23	1.18	1.32	1.51	2.32	2.18	2.62	2.88	3.32
预测值/cm	1.11	1.15	1.19	1.29	1.40	1.53	1.69	1.90	2.18	2.58
观测时间	2007年4月12日	4月15日	4月18日	4月21日	4月24日	4月27日	4月30日	5月3日	5月6日	5月9日
监测值/cm	3.43	4.32	6.26	9.78	13.69	19.37	25.92	31.06	38.73	
预测值/cm	3.18	4.12	5.67	8.37	12.37	17.27	23.32	28.21	39.78	61.34

第一步：将监测位移值代入灰色预测模型 $\frac{dx^{(1)}(t+1)}{dt}+ax^{(1)}(t+1)=bt^3+ct^2+dt+s$，计算后得到白化预测模型 $\dot{x}^{(0)}(t+1)=Ae^{-at}+Bt^2+Ct+D$，根据白化模型预测2007年4月30日的位移值为23.32cm。

第二步：将所预测的4月30日位移值列入原始观测值序列，同时将原序列第一个值舍去，完成数据序列的新陈代谢。

第三步：新数据序列代入灰色预测模型，计算白化后得到新的白化预测模型和新的预测值。

第四步：将第三步所得预测模型进行泰勒级数展开，根据式：

$a_i = \left.\dfrac{\partial^i y(t)}{i!\partial t^i}\right|_{t=0}$，可求得 $a_0 = 38.89$，$a_1 = 0.48$，$a_2 = 0.01596$，$a_3 = 0.00034$，$a_4 = 0.000025$。

第五步：将所求 a_i 代入式 4-24 ~ 式 4-26，可得 p、q 值，$p = -0.8728$，$q = 59.134$。将 p、q 值代入式 4-21 算得 $F = 8p^3 + 27q^2 = 9.44E+4 > 0$。根据 $F > 0$，判断 4 月 30 日 14 号桩稳定不会滑坡。

第六步：重复第一 ~ 第五步可得到 5 月 3 日、5 月 6 日和 5 月 9 日的 F 值。

根据 5 月 9 日 $F < 0$，判断在 5 月 7 日到 10 日这段时间 14 号桩不稳定会发生滑动。露天矿实际情况为 5 月 7 日 14 号桩发生滑动，该监测点消失。

4.5.3.3 多个桩点滑落对滑坡的预测

对小型滑坡而言仅靠一个点的监测资料能预报一个剧滑时刻，但是对于大中型滑坡而言，一个监测点不可能控制其动态变化，往往需要若干个监测点。由于种种原因，各监测点位移动态不可能是同步的，更不可能是同一的，因而依据不同点的监测资料做出预报结果也不相同。在这种情况下，只能把多数点比较集中的时段作为预报结果。

按照 14 号桩预测方式，可以得到其他桩点在 4 月 30 日、5 月 3 日、5 月 6 日和 5 月 9 日的 F 值，见表 4-3。

表 4-3 东部非工作帮各桩点的稳定状况判别表

监测桩号	4 月 30 日		5 月 3 日		5 月 6 日		5 月 9 日	
	F 值	预测效果	F 值	预测效果	F 值	预测效果	F 值	预测效果
1	$9.44E+4$	稳定	$6.68E+5$	稳定	$5.45E+4$	稳定	$-5.66E+4$	不稳定
2	$8.32E+4$	稳定	$5.24E+4$	稳定	$3.29E+4$	稳定	$3.29E+4$	稳定
3	$6.87E+4$	稳定	$7.63E+4$	稳定	$5.68E+4$	稳定	$5.26E+4$	稳定
4	$7.56E+4$	稳定	$3.35E+5$	稳定	$6.21E+4$	稳定	$5.88E+4$	稳定

续表 4-3

监测桩号	4月30日		5月3日		5月6日		5月9日	
	F值	预测效果	F值	预测效果	F值	预测效果	F值	预测效果
5	5.83E+5	稳定	6.63E+4	稳定	4.84E+4	稳定	3.36E+4	稳定
6	7.31E+4	稳定	2.46E+5	稳定	5.63E+4	稳定	4.92E+4	稳定
7	1.28E+5	稳定	8.75E+4	稳定	6.56E+4	稳定	5.73E+4	稳定
8	6.12E+4	稳定	1.43E+5	稳定	7.38E+4	稳定	8.37E+4	稳定
9	8.54E+4	稳定	6.83E+4	稳定	5.86E+4	稳定	2.17E+5	稳定
10	4.08E+5	稳定	7.64E+4	稳定	3.47E+4	稳定	4.76E+4	稳定
11	7.14E+4	稳定	6.23E+4	稳定	4.47E+4	稳定	-2.38E+4	不稳定
12	8.37E+4	稳定	7.36E+4	稳定	5.59E+4	稳定	-4.52E+4	不稳定
13	6.94E+4	稳定	5.83E+4	稳定	4.29E+4	稳定	5.18E+4	稳定
14	7.38E+4	稳定	6.26E+4	稳定	5.83E+4	稳定	-3.43E+4	不稳定

表4-3 的数据表明：

(1) 东部非工作帮 1～14 号 14 个监测点在 4 月 30 日、5 月 3 日、5 月 6 日时 F 值全部大于零，预测这些桩点范围内的边坡是稳定的，不会滑坡。

(2) 在 5 月 9 日 1、11、12、14 号桩 F 值小于零，其他 10 个桩 F 值大于零。考虑 1、11、12、14 号四个桩点位置在 DH2 边坡的上缘，对边坡的变化比较敏感，且四个桩点沿边坡走向方向连成一线，所以预测四个桩点附近边坡在该日会发生滑动。实际情况是 5 月 7 日该边坡发生了滑动，滑落面积为 1440m^2，主要集中在 14 号桩周围，预测效果较好。

4.6 结论

(1) 通过将改进后的灰色理论预测模型与非线性突变理论结合，

构造了新的灰色-突变预测模型，得到了适合于露天边坡滑坡灾变预测方法。

（2）介绍了露天矿边坡滑坡灾害的地表位移监测点的设计和选取原则，通过露天矿非工作帮东帮的监测数据和滑坡状况，验证了本书提出的边坡滑坡灾变预测方法是可行的，并在露天矿的工程应用中取得了良好的效果。

参 考 文 献

[1] 黄昌乾，丁恩保．边坡工程常用稳定性分析方法[J]．水电站设计，1999，15(1):53~58.

[2] 杨志法，尚彦军，刘英．关于岩土工程类比法的研究[J]．工程地质学报，1997，5(4):299~305.

[3] 张金山，袁绍国．露天矿边坡稳定性分析专家系统[J]．中国矿业，1995，4(3):57~62.

[4] 刘特洪，林天健．软岩工程设计理论与施工实践[M]．北京：中国建筑工业出版社，2001.

[5] 李胜伟，李天斌，王兰生．边坡岩体质量分类体系的 CSMR 法及应用[J]．地质灾害与环境保护，2001，2(2):69~72.

[6] Bishop A W. The use of the slip circle in the stability analysis of slope[J]. Geotechque，1995，15(1):7~17.

[7] Janbu N. Soil stability computations [C]. In：Hirschfeid R C，Poulos S J Eds. Embankment Dam Engineering，Casagrande Volume. New York：John Wiley & Sons，1973：47~87.

[8] Spencer E. A method of analysis for stability of embankment using parallel inters slice force[J]. Geotechnique，1967(17):11~26.

[9] Morgenstern N R，Price V E. The Analysis of the stability of general slip surfaces [J]. Geotechnique，1965(15):79~93.

[10] 王建锋，Wilson H Tnag，崔政权．边坡稳定性分析中的剩余推力法[J]．中国地质灾害与防治学报，2001，12(3):53~58.

[11] Hoek E，Bray J W. Rock slope engineering[J]. The institution of mining and metallurgy，London，1977.

[12] Sarma S K. Stability analysis of embankments and slopes[J]. Geotechnique，1979,(38):157~159.

[13] Barnhill R E，Birkhoff G，Gordon W J. Smooth interpolation in triangles[J]. Approx. Theory，1973，8：114~128.

[14] 张艳博，康志强，李毅军．胜利露天煤矿滑坡机理分析及成因探讨[J]．工矿自动化，2010(6):11~14.

[15] 陈祖煜．岩质高边坡稳定分析方法和软件系统研究系统汇编[D]．北京：中国水力水电科学研究院，1995：48~51.

[16] 冯树仁，丰定祥，葛修润，谷先荣．边坡稳定性的三维极限平衡分析方法及应用[J]. 岩土工程学报．1999，21(6):657～661.

[17] 杜建成，黄大寿，胡定．边坡稳定的三维极限平衡分析法[J]. 四川大学学报（工程科学版),2001，33(4):9～12.

[18] 张艳博，张国锋，田宝柱，康志强．露天煤矿边坡稳态影响因子敏感性分析及滑坡控制对策[J]. 煤炭工程，2011(5):105～107.

[19] 王家臣．边坡工程随机分析原理[M]. 北京：煤炭工业出版社，1996.

[20] 金永军．软岩路堑边坡稳定性分析及其加固对策研究[D]. 中国矿业大学(北京校区)，2003.

[21] 王勖成，邵敏．有限元法基本原理和数值方法[M]. 北京：清华大学出版社，1995.

[22] 李宁，韩火亘，陈飞熊．李家峡Ⅱ号滑体滑动性态的三维有限元分析[J]. 岩石力学与工程学报，1997，16(5):445～452.

[23] 张季如．边坡开挖的有限元模拟和稳定性评价[J]. 岩石力学与工程学报，2002，21(4):843～847.

[24] 张艳博，李占金，甘德清．程家沟铁矿露天坑排尾后地下采场参数的研究[J]. 金属矿山，2008，5(383):15～19.

[25] 连镇营，韩国城，孔宪京．强度折减有限元法研究开挖边坡的稳定性[J]. 岩土工程学报，2001，23(4):407～411.

[26] 郑颖人，赵尚毅，张鲁渝，等．有限元强度折减法在土坡与岩坡中的应用[C]. 见：中国岩石力学与工程学会主编．岩石力学新进展与西部开发中的岩土工程问题．北京：中国科技出版社，2002.

[27] 龚晓南．土工计算机分析[M]. 北京：中国建筑工业出版社，2000.

[28] 徐建平，胡厚田．摄动随机有限元法在顺层岩质边坡可靠性分析中的应用[J]. 岩土工程学报，1999，21(1):71～76.

[29] 张艳博，李占金，康志强．露天煤矿滑坡灾变机理及控制对策研究[J]. 中国矿业，2011(1):94～99.

[30] 王泳嘉，宋文洲．关于岩石力学有限元程序的若干思考[J]. 岩石力学与工程学报，1998，11，17(增):940～947.

[31] 许瑾，郑书英．边界元法分析边坡动态稳定性[J]. 西北建筑工程学院学报（自然科学版)，2000，17(4):72～75.

[32] 张海波，李示波，等．金属矿山嗣后充填采场顶板合理跨度参数研究及建议 [J]. 金属矿山，2014.

[33] 周蓝青．离散单元法与边界单元法的外部耦合计算[J]. 岩石力学与工程

学报，1996.
[34] 王泳嘉，邢纪波．数值方法的新进展及其工程应用——岩石力学新进展[M]．沈阳：东北工学院出版社，1989.
[35] 布朗 E T. 工程岩石力学中的解析与数值计算方法[M]．余诗刚，王可钧译．北京：科学出版社，1991.
[36] 朱浮声，王泳嘉，斯蒂芬森 O. 露天矿山高陡岩石边坡失稳的三维离散元分析[J]．东北大学学报，1997，18(3):234～237.
[37] 黄志安，李示波，赵永祥，等．FLAC 和数值分析在矿山地表沉降形观测中的应用[J]．有色金属，2005，57(3):95～98.
[38] 王泳嘉，邢纪波．离散单元法同拉格朗日元法及其在岩土力学中的应用[J]．岩土力学，1996，16(2):1～14.
[39] 李示波，高永涛．FLAC 和数值微分在地表变形观测中的应用[J]．中国矿业，2008，17(6):99～101.
[40] 王泳嘉，邢纪波．离散元法及其在岩土力学中的应用[M]．沈阳：东北大学出版社，1991.
[41] UDEC2D (3.0) User's Manual Itasca Consulting Group, Inc. Minnesota, USA, 1996 Bandis, S. C., A. C. Lumsden and N. R. Barton. Fundamentals of Rock Joint Deformation, Int. J. Rock Mech. Min. Sci. & Geomech. Abstr. 1983, 20(6):249～268.
[42] Bieniawski Z T. Determining Rock Mass Deformability: Experience from Case Histo-ries, Int. J. Rock Mech. Min. Sci., 1978, 15: 237～247.
[43] Zhang Haibo. Study on the mechanism of backfill and surrounding rock of open stope during subsequent backfill mining. Materials processing and manufactinguring[C]. Advanced Materials Research, 2013, 753～755: 452～456.
[44] Cundall P A. Numerical Experiments on Localization in Frictional Material, Inge-nieur-Archiv, 1988, 59: 148～159.
[45] Cundall P A. Numerical Modelling of Jointed and Faulted Rock, in Mechanics of Jointed and Faulted Rock, pp. 11～18. Rotterdam: A. A. Balkema, 1990.
[46] Cundall P A. Shear Band Initiation and Evolution in Frictional Materials, in Mechanics Computing in 1990s and Beyond (Proceedings of the Conference, Columbus, Ohio, May 1991), Vol. 2: Structural and Material Mechanics, pp. 1279～1289. New York: ASME, 1991.
[47] Singh B. Continuum Characterization of Jointed Rock Masses: Part I—The Constitutive Equations, Int. J. Rock Mech. Min. Sci. & Geomech. Abstr., 1973,

10: 311 ~335.

[48] Lorig L J, Brady B H G. An Improved Procedure for Excavation Design in Stratified Rock, in Rock Mechanics—Theory-Experiment-Practice, pp. 577 ~ 586. New York: Association of Engineering Geologists, 1983.

[49] Cundall P A. A Computer Model for Simulating Progressive Large Scale Movements in Blocky Rock Systems, in Proceedings of the Symposium of the International Society for Rock Mechanics (Nancy, France, 1971), Vol. 1, Paper No. II-8, 1971.

[50] Cundall P A, Strack O D L. A Discrete Numerical Model for Granular Assemblies, Geotechnique, 1979, 29: 47 ~65.

[51] Goodman R E, Shi G-H. Block Theory and Its Application to Rock Engineering. New Jersey: Prentice Hall, 1985.

[52] Hoek E. Methods for the Rapid Assessment of the Stability of Three-Dimensional Rock Slopes, Quarterly J. Eng. Geol. , 6, 3, 1973.

[53] Lin D, Fairhurst C. Static Analysis of the Stability of Three-Dimensional Blocky Systems around Excavations in Rock, Int. J. Rock Mech. Min. Sci. & Geomech. Abstr. , 1988, 25(3):138 ~147.

[54] Lorig L J, Cundall P A. Modeling of Reinforced Concrete Using the Distinct Element Method, in Fracture of Concrete and Rock, pp. 459 ~471. S. P. Shah and S. E. Swartz, Ed. Bethel, Conn. : SEM, 1987.

[55] Starfield A M, Cundall P A. Towards a Methodology for Rock Mechanics modelling, Int. J. Rock Mech. Min. Sci. & Geomech. Abstr. , 1988, 25: 99 ~106.

[56] Alonso E E, Gens A, Carol I, Prat P, Herero E. Three-dimensionl failure mechanisms in arch dam abutments-A safety study. In: Proc. 18th ICOLD Congress, Durban, 1994, 1: 471 ~484.

[57] Chavez J W, Fenves G L. Earthquake response of concrete gravity dams including base sliding. J. Struct. Eng. , ASCE, 1995, 121: 865 ~875.

[58] Damjanac B. A three-dimensional numerical model of water flow in a fractured rock mass. Ph. D. Thesis, University of Minnesota, Minneapolis, USA, 1996.

[59] Erban P J, Gell K. Consideration of the interaction between dam and bedrock in a coupled mechanic-hydraulic FE-program. Rock Mechanics and Rock Engineering, 1988, 21: 99 ~117.

[60] Kafritsas J Einstein H. Coupled flow-deformation analysis of a dam foundation with the distinct element method. In: Proc. 28th U. S. Symposium Rock Mechan-

ics, Tucson, 1987: 484 ~ 490.

[61] Lemos J V. Modelling of arch dams on rock foundations. In: Prediction and Performance in Rock Mechanics and Rock Engineering; G. Barla (ed.), Balkema, The Netherland, 1996, 1: 519 ~ 526.

[62] Lysmer J Kuhlemeyer R L. Finite dynamic Engineerinq Mechanics (ASCE), 1969, 95: 859 ~ 877.

[63] Lemos J V. A distinct element model for application to dam foundations and fault motion. Ph. D. Thesis, University of Minnesota, Minneapolis, USA, 1987.

[64] Londe P. Three-dimensional analysis of rock foundation stability. Water Power, September, 1970: 317 ~ 319.

[65] Lemos J V, Pina C A B, Costa C P, Gomes J P. Experimental study of an arch dam on a jointed foundation. In: Proc. 18th ISRM Congress, Tokyo, Balkema, 1995.

[66] Pedro J O, Camara R C, Oliveira S B. Mathematical models for the safety and performance evaluation of arch dams under seismic actions. In: Proc. 2nd Int. Conf. Dam Safety Evaluation, Trivandrum, India, 1996.

[67] Wester gaard H M. Water pressures on dams during earthquakes. Trans. ASCE, 1933, 98: 418 ~ 433.

[68] Witherspoon P A, Wang K Iawi, Gale J E. Validation of cubic law for fluid flow in a deformable rock fracture. Water Resources Research, 1980, 1: 1016 ~ 1024.

[69] Wittke W. Rock Mechanics Theory and Applications with case Histories. Spring-Verlag, Berlin, 1990.

[70] 谢和平，周宏伟，王金安. FLAC 在煤矿开采沉陷预测中的应用及对比分析[J]. 岩石力学与工程学报，1999，18(4):397 ~ 401.

[71] 张海波，宋卫东. 大跨度空区顶板失稳临界参数及稳定性分析 [J]. 采矿与安全工程学报，2014，31(1):60 ~ 65.

[72] 朱建明，徐秉业，朱峰，任天贵. FLAC 有限差分程序及其在矿山工程中的应用[J]. 中国矿业，2000，9(4):78 ~ 82.

[73] 李示波，高永涛，黄志安. 喷锚网在加筋土挡土墙加固中的应用[J]. 北京科技大学学报，2005，27(7):655 ~ 658.

[74] 梅松华，李文秀，盛谦. FLAC 在岩土工程参数反演中的应用[J]. 矿冶工程，2000，20(4):23 ~ 26.

[75] FLAC3D(2.0) User's Manual Itasca Consulting Group, Inc. Minnesota, USA, 1997, FLAC2D(3.3) User's Manual Itasca Consulting Group, Inc. Minnesota, USA, 1996.

[76] Marti J, Cundall P A. Mixed Discretization Procedure for Accurate Solution of Plasticity Problems, Int. J. Num. Methods and Anal. Methods in Geomech, 1982, 6: 129 ~ 139.

[77] Coetzee M J, Hart R D, Varona P M, Cundall P A. FLAC Basics. Minneapolis: Itasca Consulting Group, Inc, 1998.

[78] Cundall P A. Explicit Finite Difference Methods in Geomechanics, in Numerical Meth-odsin Engineering (Proceedings of the EF Conference on Numerical Methods in Geomechanics), Blacksburg, Virginia, 1976, 1: 132 ~ 150.

[79] Cundall P A. Adaptive Density-Scaling for Time-Explicit Calculations, in Proceedings of the 4th International Conference on Numerical Methods in Geomechanics (Edmonton), 1982: 23 ~ 26.

[80] Biot M A. General Solutions of the Equations of Elasticity and Consolidation for a Porous Material, J. Appl. Mech., Trans. ASME 78, 1956: 91 ~ 96.

[81] 裴觉民，吕祖珩. DDA 在裂隙岩体边坡工程中的应用[J]. 西北水电，1999 (1):37 ~ 40.

[82] Shi Genhua, Goodman R E. Application of block theory to simulated joint trace maps. In Fundamentals of rock joints, O. Stephansson (ed.), Lulea: Centak Publishers, 1985: 367 ~ 383.

[83] 石根华. 块体系统不连续变形数值分析新方法[M]. 北京：科学出版社，1993.

[84] 周维垣，杨若琼，剡公瑞. 流形元法及其在工程中的应用[J]. 岩石力学与工程学报，1996，15(3):211 ~ 218.

[85] 张艳博，康志强，姜国虎，徐东强. 基于岩石损伤破坏和声发射理论的岩爆发生机理[J]. 金属矿山，2007，378(12):79 ~ 82.

[86] 王芝银，王思敬，杨志法. 岩石大变形分析的流形方法[J]. 岩石力学与工程学报，1997，16(5):399 ~ 404.

[87] 易庆林，王尚庆，涂鹏飞. 崩塌滑坡监测方法使用性分析[J]. 中国地质灾害与防治学报，1996，7(增刊):93 ~ 101.

[88] 周平根. 滑坡监测的指标体系与技术方法 [J]. 地质力学学报，2004，10 (1):19 ~ 26.

[89] 仝达伟，张平之，等. 滑坡监测研究及其最新进展[J]. 传感器世界，2005 (6):10 ~ 14.

[90] 文海家，张永兴，柳源. 滑坡预报国内外研究动态及发展趋势[J]. 中国地质灾害与防治学报，2004，15(1):1 ~ 2.

[91] 王卫东，夏丽，寇珊珊，等．边坡变形监测技术分析[J]．山东水利，2003(12):36~37.

[92] 黄汝麟，赵全麟，叶蕴新，等．高精度大地测量监测自动化系统研究[J]．水力发电，1998(12):52~54.

[93] 张志英，何昆．边坡监测方法研究[J]．土工基础，2006，20(3):82~84.

[94] 殷建华，丁晓利，杨育文．全球定位系统和常规仪器远距离边坡监测及预报系统的应用[J]．防灾减灾工程学报，2003，23(2):14~20.

[95] Yin J H，Ding X L，Yuwen Yang，et al. An integrated system for slope monitoring and warning in Hong Kong[A]. Proc. Advances in Building Technology. Hong Kong，2002：1661~1670.

[96] Ding X L，Ren D，Montgomery B. Automatic monitoring of slope deformations using geotechnical instruments[J]. Journal of Surveying Engineering，ASCE. 2000，126(2):57~68.

[97] Chen Y Q，Ding X L，Huang D F. A multi-antenna GPS system for local area deformation monitoring[J]. Earth Planets and Space. 2000，52(10):873~876.

[98] Ding X L，Yin J H，Chen Y Q. A new generation of multi-antenna GPS system for landslide and structural deformation monitoring[A]. Proc. Advances in Building Technology，Hong Kong，2002：1611~1618.

[99] 郭振声，吴江．GPS 技术在巴东库区滑坡监测中的应用[J]．中国非金属矿工业导刊，2006(4):63~64.

[100] Andrés Seco，Fermín Tirapu，Francisco Ramírez，et al. Assessing building displacement with GPS[J]. Building and Environment，2007，42(1)：393~399.

[101] 姜晨光，贺勇，蔡伟，等．GPS- RTK 技术监测露天矿边坡的研究与实践[J]．现代测绘，2003，26(4):22~24.

[102] 张洋，李占金，张艳博．声发射监测系统在采空区地压监测中的应用[J]．化工矿物与加工，2013(1):32~34.

[103] Jane L Moss. Using the Global Positioning System to monitor dynamic ground deformation networks on potentially active landslides[J]. International Journal of Applied Earth Observation and Geoinformation，2000，2(1):24~32.

[104] 郑国忠，徐嘉谟，马凤山，等．GPS 技术在金川露天矿边坡变形监测中的应用[J]．工程地质学报，1998，6(3):282~288.

[105] 李示波，黄志安，朱小波．一种特殊边坡的变分法计算分析[J]．矿业研究与开发，2010，30(1):6~8.

[106] 蔡美峰，李长洪，李军财，等. GPS 在深凹露天矿高陡边坡位移动态监测中的应用[J]. 中国矿业，2004，13(9):60~64.

[107] 聂喜君，荆磊，吴海军. 用 GPS 卫星定位技术进行露天矿边坡监测——霍林河露天矿边坡变形监测试验[J]. 内蒙古煤炭经济，2005(3):69~70.

[108] 苗胜军，蔡美峰，夏训清，等. 深凹露天矿 GPS 边坡变形监测[J]. 北京科技大学学报，2006，28(6):515~518.

[109] 罗周全，刘望平，刘晓明，等. 基于 GPS 的露天矿边坡位移自动监测技术[J]. 中国矿业，2005，14(7):60~62.

[110] 李海蒙，李军财. 国内外矿山边坡监测技术应用的最新进展[J]. 中国矿业，2006，15(4):46~48.

[111] 罗志强. 边坡工程监测技术分析[J]. 公路，2002(5):45~48.

[112] 邵锡惠. 我院近景摄影测量的回顾与展望[J]. 解放军测绘学院学报，1994，11(2):117~120.

[113] 曾卓乔，倪宇智，周庆红. 数字化近景摄影测量系统的研制[J]. 四川测绘，1998，21(4):147~150.

[114] 盛业华，闫志刚，宋金铃. 矿山地表沉陷区的数字近景摄影测量监测技术[J]. 中国矿业大学学报，2003，32(4):411~415.

[115] 汤国起，肖圣泗. 钻孔测斜技术的现状与开发应用前景[J]. 探矿工程，1999，S1：235~238.

[116] 王双红，张政辉，蔡美峰. 套孔应力解除法在某边坡地应测量中的应用[J]. 中国矿业，2001，10(1):60~63.

[117] 蔡美峰. 地应力测量原理和技术[M]. 北京：科学出版社，2000：45~46.

[118] 胡伟，李庶林. 岩质边坡稳定性分析中的 AE 技术研究[J]. 矿业研究与开发，2002，22(3):9~11.

[119] 熊庆国. 声发射技术的现状与展望[J]. 工业安全与防尘，1996(7):31~32.

[120] 李金河，玉国进. 永久船闸边坡稳定性声发射监测[J]. 岩土力学，2001，22(4):478~480.

[121] 梁海林. 用声发射监测与预测边坡变形可行性研究[J]. 露天采煤技术，1998(3):17~20.

[122] 万志军，周楚良，马文顶，等. 边坡稳定声发射监测的实验研究[J]. 岩土力学，2003，24（增刊）：627~629.

[123] 张艳博，黄晓红，等．含水砂岩在破坏过程中的频谱特性分析[J]. 岩土力学，2013(6):1574~1578.

[124] 刘化冰．基于 GIS 技术的滑坡监测分析及预测研究[D]. 西南交通大学硕士学位论文，2004：4~5.

[125] Du Y, Wang S, Ding E. Some landslides triggered typically by impounding of water reservoir in China . In: Proc. of 7th Int. Symposium on Landslides, 1996: 1455~1461.

[126] Enokida M, Ichikawa H, Ouya K. Study on the characteristics in the landslide movement and the analysis model based on the relation between ground water level and landslide movement[J]. Journal of Japan Landslide Society, 1994 , 31(2):1~8.

[127] Iverson R M, Major J J. Rainfall , ground water flow and seasonal movement at Minor Creek landslide, Northwestern California: physical interpretation of empirical relations. Bulletin of Geological Society of America , 1987, 99: 579~594.

[128] Polemio M, Sdao F. Landslide hazard and critical rainfall in southern Italy, In: Proc. 7th Int. Symposium on Landslides, 1996, 1(2):847~852.

[129] 金培杰，曹玉立．滑坡地区水文地质概念模型的研究[A]. 滑坡文集（十一）[C]. 北京：中国铁道出版社，1994：98~104.

[130] 张艳博，陈宾宾，景广辉．花岗岩破裂渗水过程红外辐射与声发射特征研究[J]. 金属矿山，2013，442(4):65~68.

[131] 蔡美峰．金属矿山采矿设计优化与地压控制—理论与实践[M]. 北京：科学出版社，2001.

[132] 谭文辉，王家臣，刘伟．边坡稳定性分析方法的探讨[J]. 露天采煤技术，1998(2):21~23.

[133] 祝玉学．边坡可靠性分析[M]. 北京：冶金工业出版社，1993.

[134] 刘沐宇，李宏，池秀文．岩体结构的可靠性设计[J]. 武汉工业大学学报，1998，20(4):65~68.

[135] 武清玺，王德信．拱坝坝肩三维稳定可靠度分析[J]. 岩土力学，1998，19(1):45~49.

[136] 黄志全，王思敬，李华晔，等．岩体力学参数取值的置信度及其可靠性[J]. 岩石力学与工程学报，1999，18(1):33~35.

[137] 张永荣．岩质高边坡稳定性的可靠性研究[J]. 勘察科学技术，2001(4): 23~26.

[138] 严春风，刘东燕，张建晖，等．岩土工程可靠度关于强度参数分布函数概型的敏感度分析[J]．岩石力学与工程学报，1999，18(1):36～39.

[139] 李示波，李占金，张艳博．复合散体边坡稳定及环境重建[M]．北京：冶金工业出版社，2013.

[140] 谭晓慧．边坡稳定分析的模糊概率法[J]．合肥工业大学学报（自然科学版），2001，24(3):442～446.

[141] 李彰明．模糊分析在边坡稳定性评价中的应用[J]．岩石力学与工程学报，1997，16(5):490～495.

[142] 张海波，宋卫东．基于灰色系统的采矿方法优选 [J]．黄金，2010，31(12):28～30.

[143] 邓聚龙．灰色系统基本方法[M]．武汉：华中理工大学出版社，1987.

[144] 李造鼎，等．岩土动态开挖的灰色突变建模[J]．岩石力学与工程学报，1997，16(3):285～289.

[145] 吴中如，潘卫平．分形几何理论在岩土边坡稳定性分析中的应用[J]．水利学报，1996(4):78～82.

[146] 何满潮．露天矿高边坡工程[M]．北京：煤炭工业出版社，1991.

[147] 曾开华，陆兆溱．边坡变形破坏预测的混沌与分形研究[J]．河海大学学报，1999，27(3):9～13.

[148] 谢和平．分形—岩石力学导论[M]．北京：科学出版社，1996.

[149] 张海波，刘芳芳．基于模糊综合评判的采空区稳定性分析[J]．化工矿物与加工，2013(10):40～43.

[150] 夏元友，李新平，程康．用人工神经网络估算岩质边坡的安全系数[J]．工程地质学报，1998，6(2):155～159.

[151] 夏元友．基于人工神经元网络的边坡稳定性工程地质评价方法[J]．岩土力学，1996，17(3):27～33.

[152] 夏元友．基于神经网络岩质边坡稳定性评估系统研究[J]．自然灾害学报，1996，5(1):98～104.

[153] 乌杰．系统辩证论与我国改革[J]．大自然探索，1997，16(61):1～5.

[154] 王树仁，吕增深．关于构建巷道围岩——支护系统的探讨[C]．矿井建设技术论文集．济南：山东大学出版社，1998：180～182.

[155] 张艳博，刘善军．含孔岩石加载过程的热辐射温度场变化特征[J]．岩土力学，2011，32(4):1013～1017.

[156] 何满潮，王树仁．大变形数值方法在软岩工程中的应用[J]．岩土力学，2004，25(2):185～188.

[157] 李志峰，喻军华，张林峰，廖作才，付超金，伟良．某公路高边坡现场监测与分析[J]．东北公路，2003，26(2):75～78.

[158] 张志英，何昆．边坡监测方法研究[J]．土工基础，2006，20(3):82～84.

[159] 刘广润，等．论滑坡分类[J]．工程地质学报，2002(10):339～342.

[160] 孙玉科，等．边坡岩体稳定性分析[M]．北京：科学出版社，1998:12～13.

[161] 徐根，陈枫，徐纪成．岩石抗拉强度的误差研究[J]．矿业研究与开发，2004，24(5):31～33.

[162] 王树仁，等．复杂工程条件下边坡工程稳定性研究[M]．北京：科学出版社，2007：34～36.